U0352752

物种起源精译

[英] 达尔文 /著

文舒 /编译

中国华侨出版社

北京

图书在版编目 (CIP) 数据

物种起源精译 / (英) 达尔文著；文舒编译 . —北京 : 中国华侨出版社 , 2018.3

ISBN 978-7-5113-7404-2

Ⅰ . ①物… Ⅱ . ①达… ②文… Ⅲ . ①物种起源—达尔文学说 Ⅳ . ① Q111.2

中国版本图书馆 CIP 数据核字 (2018) 第 018642 号

物种起源精译

著　　者 / ［英］达尔文
编　　译 / 文　舒
出 版 人 / 刘凤珍
责任编辑 / 安　可
封面设计 / 李艾红
文字编辑 / 杨　君
美术编辑 / 吴秀侠
经　　销 / 新华书店
开　　本 / 880mm×1230mm　1/32　印张：8　字数：160 千字
印　　刷 / 三河市嘉科万达彩色印刷有限公司
版　　次 / 2018 年 5 月第 1 版　2018 年 5 月第 1 次印刷
书　　号 / ISBN 978-7-5113-7404-2
定　　价 / 38.00 元

中国华侨出版社　北京市朝阳区静安里 26 号通成达大厦 3 层　邮编：100028
法律顾问：陈鹰律师事务所
发 行 部：（010）64443051　　传　　真：（010）64439708
网　　址：www.oveaschin.com　**E－mail**：oveaschin@sina.com

如果发现印装质量问题，影响阅读，请与印刷厂联系调换。

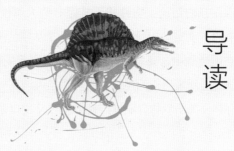

导 读

1831 年 12 月，我作为博物学者有幸登上了皇家军舰"贝格尔"号，进行了长达五年的环球科学考察。一路上的各种见闻，给了我深深的感触，特别是南美大陆，还有附属岛屿；那些优美的自然风光，还有与众不同的动植物分布以及奇异的地质构造，都让我感受到前所未有的激动与兴奋。

1836 年回国以后，这么多年得到的研究成果还有考察日记，让我不得不去认真面对多年来一直困扰着博物学者们的问题：物种是如何起源的？经过漫长艰难的整理工作之后，直到 1844 年，我终于将那些简短的日记进行了合理的扩充整理，并对当时认为可能的结论做出了纲要。

1859 年，因为健康问题，还有研究马来群岛自然史的华莱斯先生要发表一篇基本上和我的结论完全一致的论文，所以我不得不采纳好友查尔斯·莱尔的建议，将这篇纲要送交给林奈学会。我的这篇纲要，还有华莱斯先生所写的优秀论文，一同被刊登在该学会第三期的会报上。希望我们可以共享这份荣誉。

我非常明白，这份纲要还存在着大量的不完善之处。

有关物种的起源，不管是哪一位博物学者，假如去对生物的相互亲缘、胚胎关系以及地理分布、地质演替等方面深入研究，都能够获得一样的结论：物种并不是像有些人所说的那样，是被独立创造出来的，事实是如同变种一样，均是从别的物种遗传下来的。

在纲要当中，我尤其细致地研究了家养生物与栽培植物的习性，对那些自然环境当中的生物，则主要是强调其外部条件的变化对它们特别有利。关于生物界随处可见的生存斗争以及由于生存斗争而引起的自然选择，我展开了重点的介绍。变异的法则同样是我格外强调的，尤其是其所包含的诸多难点，像物种的转变，还有本能的问题以及杂交的现象、地质记录的不完全等，我都用专门的章节进行了讨论研究。

生活于我们四周的生物，如果你稍微留意一下，就能够发现人类对于它们，依然是那么无知。如果谈到它们的起源，准确地说，你又清楚多少呢？谁可以解释清楚有的物种像绵羊、老鼠等，它们分布的范围是那么广泛并且数目居多，可是有的物种，它们的分布范围却是那么狭窄而且还处于濒危的状态呢？所有的这一切，根本不单单是人类的力量所引起的。我的生物进化和自然选择学说将详细地进行解释说明。自然界当中，所有生物的繁盛或者衰败都会严格地按照一定的规律进行着变化，而且将直接影响它们将来的生存发展趋势。

尽管说很多的情况现在依然无法解释清楚，而且在将来很长的一段时间之内也不一定能够解释清楚，不过，通过冷静的判断之后，我们能够断言，我过去所保持的那种观点，也就是很多作者近来依然保持的观点，即每个物种均为分别创造出来的，这样的观点是错误的。最后我还要强调一点，我所解释说明的自然选择，尽管说是变异最重要的途径，不过并不是唯一的途径。

目录

CONTENTS

物种起源精译　WUZHONG QIYUAN JINGYI

第一章
家养状况下的变异

为什么会变异

从很早以前的栽培植物以及家养动物来看，将它们的同一变种或亚变种之后的产物进行一下对比，最能够引起我们关注的重点有一个，那就是，这些物种相互之间存在着的各种不同，通常比自然状况下的任何物种或者是变种后的个体间的差异更大。栽培植物以及家养动物是五花八门的，它们长时间地在极不相同的气候以及管理中生活，于是就会发生各种变异，如果我们对这些现象多加思考，就会得出一个结论，那就是我们所看到和发现的巨大的变异性，是因为我们的家养生物所处的生活条件，与亲种在自然状况下所处的生活条件存在着很大的差异，同时，和自然条件的不同也有一定的关系。我们看一下奈特提出的观点，也存在着很多种可能性：在他看来，这样的变异性或许同食料的过剩有一定的关联。似乎很明显，生物必须在新的生存环境中生长很长一段时间，甚至是数世代之后，才会发生较为明显的变异；而且，生物体制只要是开始了变异，那么，在接下来的许多世代中，也就会一直延续变异，这属于最常见的状况。一种可以变异的有机体在培育下停止变异的实例，还没有出现过这样的记载。就拿最古老的栽培植物——小麦来说，到现在，也依然在产生新的变种；那些最古老的家养动物，到现在也依然能够以最快的速度改进抑或是变异。

通过对这个问题长时间的研究之后，按我们所能判断的来看，生活条件很明显是以两种方式在对物种产生着作用，那就是直接对整个体制的构造或只是其中的某些部分产生影响，还有一种就是间接的只对物种的生殖系统产生影响。在直接作用方面，我们一定要牢记，如魏斯曼教授所主张的，以及我在《家养状况下的变异》里所偶然提到的，存在着两种因素，那就是生物的本性以及条件的性质。前者看起来好像更为重要，因为按照我们能够判断的来看，在并不相同的条件下，也有可能会发生几乎相近的变异；此外还有一方面，在基本上相同的条件下也可能会发生很不相同的变异。这些变异情况对于后代也许是一定的，也有可能是不定的。如果在很多世代中，生长在一些条件下的物种的所有后代或者说是绝大部分后代，都是遵照相同的方式在进行着变异，那么，变异进化的结果就能够看成是一定的。不过，对于这种情况的一定变异，想要做出任何结论，推测其变化的范围，都是非常非常困难的。不过，有很多细微的变异还是可以推测知晓的，比如因食物摄取的多少而造成物种个头大小的变异，因食物

● 罗伯特·达尔文医生（1768—1848），达尔文之父。

性质而引起的物种肤色的变异，由气候原因引起物种皮肤和毛发厚度的变异等，这些变异基本上不用去怀疑。我们在鸡的羽毛里发现了众多的变异，而每一个变异肯定有其具体的原因。如果是同样的因素，经过很多年后，一直同样地作用于一部分个体，这样的话，几乎所有这些被作用的个体，就会按照相同的方式来发生变异。比如说，产生树瘿的昆虫的微量毒液只要注射进植物体中，就一定会产生复杂的和异常的树瘿，这个事实告诉我们：如果植物中树液的性质出现了化学变化，那么结果就会出现非常奇异的变化。

相较于一定变异性，不定变异性往往都是条件发生改变后更普遍的结果。我们于无穷尽的微小特征里发现了不定变异性，而这些微小的特征恰恰可以区别同一物种内的不同个体，所以我们不可以将这些特征看作是从亲代或更遥远的祖先那里遗传下来的。就算是同胎中的幼体或者是由同蒴中萌发出来的幼苗，在有些时候彼此之间也会出现一些十分显著的差异。比如在很长的一段时间里，在一个相同的地方，用基本相同的食料来饲养的数百万个体里面，也会出现一些个别的，可以称为畸形的变异的十分显著的构造差异类型。不过，畸形与那些比较微小的变异之间的界线并不十分明显。所有建立在这种构造上的变化，不管是特别细微的还是非常显著的，如果出现于生活在一起的众多个体里，那么就全都能看成是生活条件作用于每一个个体后的不确定性效果，这同寒冷会对不同的人产生不一样的影响是相同的道理，因为每个人的身体状况或者是个人的体制不相同，于是会引起咳嗽或感冒或者是风湿症及其他一些器官的炎症。

而对于我们所说的被改变的外界条件所带来的间接作用，也就是指对生殖系统所造成的影响，我们能够推论这种情况所引起的变异性，其中有一部分是因为生殖系统对于任何来自外界条件的变化都极为敏感，还有一些，则像开洛鲁德等所说的那样，是因为不同物种间杂交所发生的变异，同植物以及动物被饲养在新的或者是不自然的条件下，而产生的变异是十分相像的。而很多的事实也明确地告诉我们，对于周边条件所发生的一些非常微小的变化，生殖系统会表现出相当显著的敏感。驯养动物说起来还是比较简单的事，不过如果想要让它们在栏内自由生育，就算是雌雄交配，也是非常难以实现的事情。有不计其数的动物，就算是在原产地生活，在几近完全自由的环境里，也会有无法生育的情况。一般我们将这种情形总结为动物的本能受到了损害，事实上，我们的这种认为是不正确的。很多的栽培植物看起来生长得十分茁壮，但是很少会结种子，或者干脆从来不结种。我们发现，有些时候，一个很细微的变化，例如在植物成长的某个特殊时期，水分的增多或者减少，就有可能影响到其最后到底会不会结种子。对于这个神奇的问题，我所搜集的详细记录已在其他地方发表，这里就不再重复论述了。不过还是要说明，决定栏中动物生殖的法则是十分神奇的。比如那些来自热带的食肉动物，虽然离开了原来的环境，但依然可以很自由地在英国栏中进行生育，不过，跖行兽也就是我们所说的熊科动物，是不属于这个范围的，它们很少生育。相比之下，食肉鸟，除了个别的一部分之外，几乎都很难孵化出幼鸟。有很多外来的植物，与最不能生育的杂种相同，它们的花粉都是没有用处的。首先，我们能够发现，很多的家养动物以及植物，虽然经常是体弱多病的样子，但是可以在圈养的环境里自由生育。其次，我们还能看到，一些个体虽然从小就来自自然界中，这些幼体虽然被完美驯化，并且寿命较长，体格强健（关于这点，我可以举出无数事例），但是它们的生殖系统被某种我们所不知道的原因严重影响，完全失去了该有的功能。这样看来，当生殖系统在封闭的环境中发生作用时，所产生的作用是不规则的，而且所产生出来的后代与它们的双亲也会有很多的不同之处，这么说来，也就不是很奇怪的事情了。此外，我还要补充说明一点就是，一些生物可以在最不自然的环境中（比如在箱子里饲养的兔和貂）自由繁殖，这能够说明这些物种的生殖器官不会轻易被影响。所以说有的动物以及植物比较适合家养或栽培，并且发生的变化也比较小——甚至都没有在自然环境中所发生的变化大。

有些博物学家提出，一切变异都和有性生殖的作用有关系。事实上这种说法显然是不正确的。我在另一著作中，曾经把园艺家称为"芽变植物"（Sporting plants）的物种列为一个长表。这类型的植物在生长过程中会突然长出一个芽，与同株的其他芽完全不一样，它具有新的甚至会是明显不同与其他同族的性状。我们将它们称为芽的变异，能够用嫁接、插枝等方式进行繁殖，有些情况下也可以用种子进行繁殖。这些物种在自然环境中很少发生，不过，在栽培的环境中的话，就不那么罕见了。既然相同条件中的同一棵树上，在每年生长出来的数千个芽里，会突然冒出一个具有新性状的芽，而同时不同条件下不同树上的芽，有时却又会出现几乎相同的变种，——例如，桃树上的芽可以长出油桃，普通蔷薇上的芽会长出苔蔷薇，等等。所以说，我们能够清楚地看出，在影响每一变异的特殊类型上，外界环境的性质与生物的本性相比，所处的重要性只是居于次位而已，也许并不比可以让可燃物燃烧的火花性质，对于决定所发火焰的性质方面更为重要。

习性、遗传以及相关变异

习性的改变可以影响到遗传的效果，例如，植物由一种气候之中被移动到另一种气候里，它的花期就会出现一些变化。我们再来看看动物，动物们身体各部位是否常用或不用对于动物的遗传等有更显著的影响。比如我发现，家鸭的翅骨在其与全身骨骼的比重上，与野鸭的翅骨相比，是比较轻的，但是家鸭的腿骨在其与全身骨骼的比例上，却比野鸭的腿骨重出很多。这种情况我们可以得出一个结论，造成这种差异的原因在于，家养的鸭子比起自己野生的祖先来，要少飞很多路程，但是会多走许多的路。牛与山羊的乳房，在经常挤奶的部位就比不挤奶的部位发育得更好，并且，此种发育是具有遗传性质的。很多的家养动物，在有些地方耳朵都是下垂状的，于是就有人觉得，动物的耳朵下垂，是因为这些动物很少受重大的惊恐，导致耳朵的肌肉不被经常使用的缘故，这样的观点基本上是说得通的。

有很多的法则支配着变异，只是我们仅仅可以模模糊糊地理解其中的少数几条，在这里，我准备只谈一下相关变异。如果胚胎或者幼虫发生了重要的变异，那么，基本上就会引起成熟物种也跟着发生变异。在畸形生物身上，各个不同的部分之间的相关作用是十分奇妙的。关于这个现象，在小圣·提雷尔的伟大著作中记载了大量的相关案例。饲养者们都坚定地认为，狭长的四肢一定是常常伴随着一颗长长的头的。还有些相关的例子特别怪异，比如，全身的毛都是白色以及具有蓝眼睛的猫通常都耳聋，不过最近泰特先生说，这种情况只在雄猫中出现。物种身体的颜色与体制特征之间是相互关联的，这点在许多的动植物里能找出不少显著的例子。

各种不相同的我们未知的或只是大体上稍微理解一点点的变异法则所引起的变异效应，是五花八门十分复杂的。对于一些古老的栽培植物，比如风信子、马铃薯还有大丽花等，是很有研究价值的。看到变种与亚变种之间在构造以及体制的无数点上一些相互间的轻微差异，确实能够让我们感到非常惊讶。生物的整体构造仿佛变成可塑的了，而且以很轻微的程度在偏离其亲代的体制。

各种不遗传的变异，于我们来说并不重要。但是，可以遗传的，构造上的变异，不管是轻微的，还是在生理上有十分重要价值的，其数量以及多样性是我们所无法估算计数的。卢卡斯博士的两大卷论文，对于这个问题有着详尽的记述。没有一个饲养者会怀疑遗传力的强大。"物生其类"是他们的基本信条。只有那些空谈理论的所谓大家，才会去毫无意义地怀疑这个原理。当任何构造上的偏差开始高频率地出现，而且在父代以及子代都出现了的时候，我们也无法证明这是因为同一种原因作用于两者而造成的结果。但是，有些构造变异十分罕见，因为多种环境条件的综合影响使得有些遗传变异不光出现在母体，也出现在子体中，对于这种非常偶然的意外，我们不得不将它的重现归因于遗传。想必大家都听说过白化病、棘皮症还有多毛症等，出现在同一家庭中几个成员身上的现象。如果说那些奇异的、稀少的构造变异是属于遗传的，那么那些不太奇特的以及比较普通的变异，自然

贝格尔号途径巴西费尔南多—
迪诺罗尼亚，岛上的高峰对地质学
研究很有价值。

也可以被看作是属于遗传了。把各种性状的遗传看成是规律，将不遗传看作异常，应该说才是认识这整个问题的正确方法。

支配遗传的诸法则，大多数是我们还不知道的。没有人可以说清楚同种的不同个体之间或者是异种个体之间相同的特性，为什么有时候可以遗传，有时候又无法遗传；为什么子代可以重现祖父或祖母的一些性状；甚至还可以重现更远祖先的性状。为什么有的特性可以从一种性别的物种身上，同时遗传给雄性和雌性两种性别的后代，而有时又会只遗传给一种性别的后代，不过，更多的时候，主要是遗传给同性的后代，虽然偶尔也会遗传给异性后代。雄性家畜的特性基本都只会遗传给雄性，或者很大一部分都遗传给雄性，这对于我们的研究来说，是一个非常重要的事实。有一个更重要的规律，我认为是可以相信的，那就是，生物体生命中某一特定的时期突然出现某种性状，那么它的后代基本上也会在同一时期（或者提前一点）出现这种特性。在许多场合中，这样的情形十分准确，比如，牛角的遗传特性，只在它的后代快要成熟的时候才会出现。再看看我们所熟知的蚕的各种特性，也都是只在幼虫期或蛹期里出现。像那些可以遗传的疾病还有其他的一些遗传事实，让我相信这种有迹可循的规律，适用于更大的范围之内。遗传特性为什么会定期出现呢？虽然个中缘由我们还不太清楚，不过事实上这种趋势是确确实实存在着的，也就是，这种现象在后代身上出现的时间，往往会与自己的父母或者是更远一点的祖辈首次出现的时间相同。我觉得，这个规律对解释胚胎学的法则是相当重要的。当然，这些观点主要是指遗传特性初次出现的情况，而不是指涉及作用于胚珠或雄性生殖质的最初原因。比如说，一只短角的母牛与一只长角的公牛交配后，它们的后代长出了长角，这虽然出现得比较晚，但明显是因为雄性生殖因素的作用而造成的。

接下来，我想提一下博物学家们时常论述的一个观点，那就是：我们的家养变种动物，在回归到野生环境以后，就会慢慢地又重现它们原始祖先的一些特性。因此也有人曾提出，不可以从家养物种的身上去推论自然环境中的物种。我曾竭尽力量去探索，这些人是根据哪些确定的事实而这样频繁地和大胆地得出那些论述，不过最后全以失败告终。要证明这个的可靠性的确是非常困难的。而且，我可以很肯定地说，绝大部分遗传变异非常显著的家养变种在回到野生环境后是无法安然地生存下去的。在大多数环境里，我们无法知晓原始的祖先到底是什么样子的，所以我们也就无法准确地判断出所发生的返祖现象是否真的就接近完全。为了预防被杂交因素所影响，所以我们在研究时必须光把单独一个变种饲养在一个新的环境里。就算如此，我们所研究的这些个变种，有时候的确会重现其先辈的某些特征。如果能证明，当我们将家养变种安排在同一个条件下，而且是大群地饲养在一起，让它们进行自由杂交，通过相互混交来阻止构造上一切轻微的偏差。如果这样做它们还表现出强大的返祖倾向，也就是失去它们的获得性的话，面对这样的结果，我会赞同不可以从家养变种来推论自然界物种的任何问题。只可惜，有利于这种观点的证据，目前为止还没有发现一点点。如果你想断言我们不能让我们的驾车马与赛跑马、长角牛同短角牛、鸡的多个品种、食用的多种蔬菜无数世代地繁殖下去，那将会违反一切的经验。

家养变异的性状

如果我们观察家养动物以及栽培植物的遗传变种还有种族，而且将它们与亲缘关系密切的物种进行比较时，就会发现，各个家养变种的情况在性状上不如原种那么一致。家养变种的性状往往有很多都是畸形的。也就是说，它们彼此之间、它们与同属的其他物种之间，虽然在一些方面差异比较小，但是，将它们互相比较时，常常会发现它们身体的某一部分会有很大程度上的差别，尤其是当它们与自然状况下的亲缘最近的物种进行比较时，则更加明显。除了畸形特征以外，同种的家养变种之间的差异，与自然状态下同属的亲缘密切近似物种间的差异是十分相像的，不过，前者在大多数场合中的差异程度比较小。我们不得不承认这一点是十分正确的，因为一些有能力的鉴定家，他们将很多家养的动物以及植物的家养品种，看为原来不同物种的后代，也有一些有能力的鉴定家却只是将它们看为一些变种。如果家养品种与物种之间存在着明显的区别的话，这些疑问和争论就不会反复出现了。有人经常这么说，家养变种之间的性状差异不会达到属级程度。而我觉得这种说法是站不住脚的。博物学家们在确定究竟怎样的性状才具有属的价值时，意见一般都很难达到一致，几乎所有的看法到目前为止都是从经验中得来的。等我们弄明白自然界中属是如何起源的，我们就会明白，我们没有权利乞求在我们的家养变种里能够经常找到属级变异。

当我们试图对同属种的家养种族进行构造上的差异评估时，因为无法知道这些物种究竟是从一个或几个亲种演变而来的，于是我们就会陷入各种疑惑里。如果弄明白了这一点，那么将会变得十分有趣。比如，如果可以证明我们都知道的可以纯系繁殖的一些生物如细腰猎狗、嗅血警犬、绠犬、长耳猎狗以及斗牛狗都属于某一物种的后代这个问题，那么，这样的事实将严重地影响我们，让我们对于栖息在世界各地的不计可数的具有亲缘关系的自然物种（比如许多狐的种类）是不会改变的说法产生很大的疑问。我根本不相信，我们前面所提到的那几种狗的所有差异都是因为家养而渐渐出现的。我相信有一些微小的变异，是由原来不同的物种传下来的。但是有很多的家养物种具有非常明显的特性，这些物种都能够找到假定的或者是有力的证据来证明它们都是源自同一个物种的。

人们经常做这样的设想，人类选择的家养动物以及家养植物都具有非常大的遗传变异的倾向，都可以承受得住变化多端的气候。这些性质曾经在很大程度上提高了大部分家养物种的价值，对于这个我不做争辩。但是，我想说，在远古时期，野蛮人在最初驯养一种动物时，他们是如何知道那个动物能否可以在持续的世代里发生变异，又是如何能够知道这个动物是否可以经受住变化多端的气候呢？驴与鹅的变异性较差，驯鹿的耐热力很低，普通骆驼的耐寒力也比较低，难道这些因素就会妨碍它们被家养吗？我可以肯定地说，如果我们从自然环境里找来一些动物以及植物，在数目、产地还有分类纲目方面都与我们的家养生物相同，同时假定它们在家养状态中繁殖同样多的世代，那么，这些动植物平均发生的变异会与现存家养生物的亲种所发生过的变异同样多。

变种与物种的区别难题

大部分从古代就家养的动物以及植物，到底是从一种还是几种野生物种繁衍而来的，目前我们还无法得到任何确切的论断。

那些相信家养动物来自多源的人，主要依据来自我们在古埃及的石碑上以及在瑞士的湖上住所里所发现的一些品种，那些品种已经非常丰富了；而且其中有一些记录中提到的家养物种，同现在依然存在着的家养物种非常相像，甚至有的基本就相同。不过这些观点也只是能证明，历史的文明在很早很早以前就已出现，同时也说明，动物被家养起来的时间比我们所设想的时间更为久远罢了。瑞士的湖上居民曾经种植过多种小麦以及大麦、豌豆还有制油用的罂粟和亚麻，同时他们也饲养多种家养动物，还与其他民族进行了货物贸易。正如希尔所说的，这些现象都充分地证明，早在很早很早以前，就已经存在着很进步的文明了。同时，这也暗示出，在此之前还有过一个较为长久的文明稍低的连续时期，在那个时期，各部落在各地方所家养的物种估计已经发生变异，并且形成了不同的品种。自从在世界上很多地方的表面地层中发现燧石器具以来，所有地质学者们都相信，在远古时代，原始民族早已开始了历史的文明之旅，而且，今天我们都知道，几乎不会有一个民族会没有进化，落后到连狗都不会饲养。

各种家鸽的差异及起源

我相信选择特殊类群来进行具体的研究是最好的方法，经过慎重考虑以后，便选择了家鸽。我饲养了几乎所有我能买到的或寻找到的家鸽品种，同时我从世界各地得到了热心惠赠的多种鸽皮，特别是尊敬的埃里奥特从印度寄来的鸽子皮，还有尊敬的默里先生从波斯寄来的鸽子皮。关于鸽类的研究，人们曾用很多不同的文字发表过各种论文，有一些是时间久远的，非常重要。我

达尔文饲养的信鸽

曾与几位知名的养鸽家交流，同时还得到允许，加入了两个伦敦的养鸽俱乐部。家鸽品种之多，让人尤为惊异。从英国传书鸽与短面翻飞鸽的比较里，我们可以发现，它们的喙部有着非常奇特的差异，同时由此所引起的头骨差异也十分明显。传书鸽，尤其是雄性，脑袋四周的皮有着十分奇特发育的肉突，与之相对应的，还有相当长的眼睑、非常大的外鼻孔以及阔大的口。短面翻飞鸽的喙部外形与鸣鸟类非常相像；普通翻飞鸽有一种比较特殊的遗传习性，它们一般喜欢成群结队地在高空中飞翔同时还喜欢翻筋斗。侏儒鸽体型非常庞大，喙既粗又长，足也很大；一些侏儒鸽的亚品种，脖子部分也很长；也有些是翅和尾很长，还有的是尾部特别短。巴巴利鸽与传书鸽倒是十分近似，不过嘴不长，属于短并且阔的那种。突胸鸽有着比同类更长的身体，其翅膀和腿非常长，嗉囊也相当发达，当这种鸽子得意地膨胀时，会让人感到十分惊异和好笑。浮羽鸽的喙比较短，呈圆锥形，胸下的羽毛呈倒生状，这种鸽子有一种习性，能够让食管上部不断地微微胀大起来。毛领鸽的羽毛沿着脖子的后面，向前倒竖状似凤冠，从它身体的大小比例来看，这种鸽子的翅羽以及尾羽都比较长。喇叭鸽与笑鸽的叫声，就像它们的名字一样，同其他品种鸽子的叫声完全不相同。扇尾鸽有 30 根甚至 40 根尾羽，而不像其他鸽子一样只有 12 根或 14 根，当扇尾鸽的尾羽打开竖立的时候，品种优良的鸽子，能够首尾相触。另外，扇尾鸽的脂肪腺退化十分严重。除此之外，我们还能够列出一些差异比较小的品种来。

通过观察可以看出，这些品种的骨骼，在面骨的长度以及阔度和曲度的发育方面，都有很大的差异。这些鸽子下颚的枝骨形状还有阔度以及长度，都能看出高度明显的变异。尾椎与荐椎的数目也有变异。肋骨的数目以及相对阔度和突起的有无等方面也有很明显的变异。此外鸽子胸骨上孔的大小以及形状也有很大程度的变异。叉骨两肢的开度和相对长度也同样有不小的变异。我们可以看出，家鸽口裂的相对阔度，眼睑以及鼻孔还有舌的相对长度，嗉囊和上部食管的大小，脂肪腺的发达与退化，第一列翅羽以及尾羽的数目，翅与尾之间的相对长度还有与身体的相对长度，腿与脚的相对长度，脚趾面鳞板的数量，趾间皮膜的发育程度等，我们所能看到和了解到的所有构造，均属于十分容易变异的范围。家鸽在羽毛完全长齐的时期会有变异，而孵化后雏鸽还处于绒毛状态时也是会有变异的。此外，像卵的形状以及大小都会有变异。鸽子飞翔时的姿势还有一些品种的声音以及性情都能够发现具有明显的区别。另外，还有一些品种的家鸽，雌雄间彼此也存在着小范围的差异。

如果我们选出至少20种及以上的家鸽，然后将它们带给鸟类学家去鉴别，同时告诉他，这些均是野鸟，那么他一定会将这些鸟列为界限分明的物种。此外，我不相信有哪一个鸟类学家会在这样情形下将英国传书鸽、短面翻飞鸽、侏儒鸽、巴巴利鸽、突胸鸽还有扇尾鸽置入同属。尤其是将每一个前面我们提到的品种中的几个纯粹遗传的亚品种给他看，更是如此，当然，这些品种他都会看作是不同的物种。

虽然鸽类品种之间的差别很大，不过我依然十分相信博物学家们的一般意见是对的，那就是，它们都是从岩鸽传下来的。在岩鸽这个名称之下还包含几种彼此之间差别非常细微的地方种族，也就是亚种。一些让我在这一观点上十分认同的理由，在某种程度上也能够应用于其他情况，所以我要在这里将这些理由概

括地讲一讲。如果说这些品种不属于变种，并且不是来源于岩鸽，那么这些品种就至少必须是由七种甚至是八种原始祖先传下来的。这是因为，如果少于七八种的话，再怎么进行杂交，都不可能出现如今这么多的家养品种的。比如让两个品种进行杂交，如果亲代中有一方没有嗉囊的性状，那么是如何产生出突胸鸽的呢？所以说，这些假定的原始祖先一定都是岩鸽，它们不在树上生育，也不常在树上栖息。不过，除了这种岩鸽以及它的地理亚种以外，我们知道的其他野岩鸽也只有两三种，而且这为数不多的两三种还都没有家养品种的任何特性。所以，我们为家鸽假定的原始祖先有两种可能：第一种祖先，可能在鸽子最开始被家养化的那些地方一直生存着直到今天，只不过鸟类学家们不明白罢了。不过就它们的大小、习性以及显著的特征来说，又不可能不被知道。第二种祖先就是，野生状态中的鸽子的原祖先在很早以前就已经灭绝。不过，可以在岩崖上生育并且十分善飞的鸟，不像是会绝灭的品种。一些生活在英国的较小岛屿以及地中海的海岸上的普通岩鸽，具有家养品种同样的习性，也都没有绝灭。所以，如果说具有家养鸽子相似习性的物种均已绝灭，听起来就是一种十分轻率的推测。此外，前面我们提到的几个家养品种曾被运送到世界各地，所以有几种肯定也曾被带回了原产地，不过，除了鸠鸽是有小变化的岩鸽，在几处地方又回归野生以外，再没有一个品种又变成野生的。还有，所有最近的经验都证明，让野生动物在家养状况下去自由交配繁殖后代是比较难的事情。然而如果家鸽多源说成立的话，那么就必须假定最少有七八个物种在很早以前就已经被古人所彻底家养驯化了，而且这七八种物种竟然还可以在圈养的状态下进行大量的繁殖生育。

有一个非常有说服力的论证，而且此论证同时也适用于其他场合，这个论证就是，我们前面讲到的各品种，虽然在总体特征、习性、声音以及颜色还有大多数构造上与野生岩鸽相一致，不过仍有一些其他部分存在着高度的异常。我们在整个鸽科里再也找不出一种像英国信鸽或短面翻飞鸽或巴巴利鸽那样的喙，也找不出像毛领鸽那样倒生的羽毛，像突胸鸽那样的嗉囊，像扇尾鸽那样的尾羽。所以说，如果我们想要证明家鸽多源成立的话，那么首先就必须假定远古时期的人们不仅成功地彻底驯化了几个物种，而且他们还会有意或无意地选出那些特别畸形的物种。与之同步进行的是，我们还必须假定，这些物种在后来的日子里全部都灭绝了。很明显，这些奇怪而意外的事情，是根本不可能会发生的。对于鸽类颜色的一些事实，很值得我们去探讨一下。岩鸽是石板青蓝色的，腰部为白色；而印度的亚种，一种名为斯特利克兰的岩鸽，腰的部位是浅蓝色的。岩鸽的尾部有一暗色横纹，外侧羽毛的边缘是白色的，翅膀上有两条黑色的横纹。一些半家养的品种以及那些纯正的野生品种，翅上不仅有两条黑带，同时还杂有一些黑色方斑。这两个特点，在本科的其他任何物种身上都不会同时出现。与之不同的是，在任何一种家养的鸽子中，只要在较好的饲养条件下发育的鸽子，所有我们前面所讲到的斑纹，甚至包括外尾羽的白边，很多时候都是可以看得到的。而且，当两种或几种不同品种的鸽子进行杂交后，就算它们身上没有青蓝色或我们所提到的其他斑纹，但它们的杂种后代身上突然出现了这些性状。现在将我观察过的一些实例在这里讲一下：我用几只纯种繁殖的白色扇尾鸽与几只黑色的巴巴利鸽进行杂交，（我们要知道巴巴利鸽的青蓝色变种是十分稀少的，少到我都不曾在英国见过有这样的事例），最后我们看到，这两种鸽子的杂种是黑色、褐色以及杂色的。我又用一只巴巴利鸽与斑点鸽进行杂交，我们都明白，纯种的斑点鸽是白色的，额部有一红色斑点，尾部也是红色的，但是它们杂交的后代，却是暗黑色的，而且长有斑点。接着我又用巴巴利鸽与扇尾鸽杂交后的产物，与巴巴利鸽和斑点鸽杂交产生的后代，再次进行杂交，最后所产生的这只鸽子，具有任何野生岩鸽所拥有的，美丽的青蓝色羽毛、白色的腰还有两条黑色的翼带，更神奇的是还具有条纹以及白边的尾羽！如果说所有的家养鸽子都是由岩鸽传下来的，那么按照我们所熟知的返祖遗传原理，这样的事实就一点都不难理解了。不过，如果我们不承认岩鸽是所有鸽子祖先的说法，那我们就不得不采取以下两种完全不可能的假设之一。第一种就是，所有想象的几种原始祖先，皆具有与岩鸽一样的颜色还有斑纹，所以各个品种可能都有重现同样色彩以及斑纹的倾向，但是我们所知道的事实是，没有一个其他现存的物种，还具有这样的色彩以及斑纹。第二种假设是，各品种就算是最纯粹的，也曾在 12 代甚至是 20 代之内与岩鸽交配过。为什么这样说呢？为什么要限定是 12 代或 20 代之内呢？其中的原因在于，我从未见到一个例子，有哪种物种杂交的后代能够重现 20 代以上的，已经消失了的，外来血统的祖代性状。而在仅仅是杂交过一次的品种中，重现从这次杂交中得到的任何性状的倾向，当然就会变得愈来愈小。因为在次生的各代里，外来血统会慢慢减少。

但是，如果以前没有参与过杂交，那么这个品种就有重现前几代中，已经消失了的性状的倾向。因为我们都知道，这种倾向与前种倾向正好是相反的，它能在不被减弱的情况下，一直遗传无数代。研究遗传问题的人们时常将这两种不同的返祖现象混为一谈。

最后，根据我自己对各种非常不同的品种所做的有计划的

物种起源精译 WUZHONG QIYUAN JINGYI

观察得出的结果，我可以断定，所有家鸽的品种间所杂交的后代都是完全能育的。然而两个在很大程度上不相同的动物，进行杂交后所产生的后代几乎没有一个成功的案例可以有力而准确地证明，它们是完全能育的。有些学者认为，长期进行连续性的家养，可以消除种间杂交不育性的强烈倾向。根据狗还有其他一些家养动物的演化历程来看，如果将前面的结论加诸彼此密切近似的物种身上，应该是十分正确的。但是，如果引申得过于遥远，非得假定那些原来就具有像如今的信鸽、翻飞鸽、突胸鸽以及扇尾鸽那样显著差异的物种，在它们之间进行杂交后所产生的后代依然完全能育，那就真的有点过于轻率了。

从以上的理由来看，有些事实需要我们总结归纳一下：更早之前的人类，不可能让七个或八个假定的鸽种在家养状态下进行自由繁殖；还有，这些假定的物种从来没有在野生状态中发现过，而且它们也没有在任何地方出现返回野生的现象。这些假定的物种，虽然在不少方面与岩鸽都比较相像，但与鸽科的其他物种比较起来，却表现出一些极为异常的性状。不管是在纯种繁殖的情况下还是在杂交的情况下，几乎所有的品种都会偶尔地出现青蓝色以及其他黑色斑纹。最后，杂交的后代完全可以生育。将这些理由综合一下，我们就能够毫无疑问地得出一个结论，那就是所有家鸽的品种都是从岩鸽还有其地理亚种繁衍下来的。

为了进一步论证前面的观点，我再做一些有力的补充，具体如下：第一，已经发现野生岩鸽在欧洲以及印度可以家养，而且它们的习性还有大多数构造方面的特点与所有的家鸽品种是相同的。第二，虽然英国信鸽还有短面翻飞鸽的一些性状与岩鸽有很大的差别，但是，将二者的几个亚品种加以比较，尤其是对从远地带来的亚品种加以比较，我们就能够在它们与岩鸽之间制造出一个近乎完整的演变系列。对于其他物种，我们也可以这样进行对比与判断，但并非所有的物种都可以用这样的方法。第三，每个物种最为显著的性状，一般都是这种物种最容易发生变异的性状，比如信鸽的肉垂还有喙，以及扇尾鸽的尾羽数目。对于这一状况的解释，等我们讨论"选择"的时候就能够明了了。第四，鸽类曾被很多人极为细心地观察、保护和爱好着。它们在世界的很多地方被饲养了几千年。有关鸽类最早的记载，来普修斯教授曾告诉我，大约是在公元前3000年埃及第五王朝的时期；不过伯奇先生告诉我说，在那之前更早的王朝，鸽的名字早已被记载在菜单上。根据普林尼所说的，在罗马时代，鸽的价格是非常高的，"而且人们已经达到可以核计鸽类谱系以及族的地步了"。印度的阿克巴可汗十分重视鸽子，大约在1600年，养在宫里的鸽子就最少在2万只左右。宫廷史官这样记载："伊朗以及都伦的国王曾送给他一些十分稀有的鸽子。"还记载道："陛下用不同的品种进行杂交，从而获得前所未有的惊人改良，这样的方法以前从没有人用过。"而几乎在同一时期，荷兰人也像古罗马人一样十分爱好鸽子。这些考察对解释鸽类所发生的众多的变异是至关重要的。我们在后面讨论"选择"的时候，就会明白了。同时我们还能够弄明白，为什么这些品种经常会出现畸形的性状。雄鸽与雌鸽容易终身相配，这也是产生不同品种的最有利条件。正因为这样，我们才能够将不同的品种饲养在同一个鸟笼里。

在前面，我已经对家鸽的各种起源的可能性作了很多的论述，但仍然不够充分。因为当我最开始饲养鸽子时，就很注意观察几类鸽子，并清楚地明白了它们可以多么纯粹地进行繁育，我

● 巴西的热带雨林。达尔文第一次见到热带雨林就是在巴西。

也明白了别人为什么很难相信这些家养的鸽子都是来自一个共同祖先。这就像任何一个博物学家对于自然界中不计其数的雀类的物种或其他类群的鸟，要想给出一个相同的结论，同样是非常困难的。有一种情形给我留下了很深刻的印象，就是几乎绝大多数的各类型家养动物的饲养者以及植物的栽培者（我曾经同他们交谈过，或者读过他们的论述文章），都坚信他们所饲养的几个品种均是由很多不同的原始物种传下来的。如果你不相信我的说法，那么就去向一位知名的饲养者赫尔福德请教一下他的牛是不是由长角牛繁殖而来的，或者说，二者是不是都来自同样的一个祖先，那么结果就是注定会受到嘲笑。我所认识的鸽、鸡、鸭或兔的饲养者中，从来没有一个人会不相信每个主要的品种都是由一个特殊的物种传下来的。范蒙斯在自己的有关梨与苹果的论文中，完全不相信如"立孛斯东·皮平"苹果与"科特灵"苹果等这些品种可以从同一棵树的种子里繁衍下来，其他的事例更是不胜枚举。我想，其中的原因其实是很简单的：因为他们长期进行着专业而不间断的研究，所以对几个种族间的差异有着十分强烈的印象，他们十分清楚各种族之间微小的变异，因为他们选择这些微小的差异进而取得了获奖资格。只是这些人，对于一般的遗传变异法则是一无所知的，并且也不愿意在大脑中将那么多的连续世代累积起来的微小差异综合起来。那些博物学者所清楚的遗传法则，比饲养家们所知道的还要少很多。而在种族繁衍的漫长系统里，他们对其间具体环节的知识了解的也只不过比饲养家们多一点点而已。但是，他们都承认许多家养族是由同一个祖先传下来的，当他们嘲笑自然状态下的物种是其他物种的直系后代这个论点时，难道忘记了自己的言行需要谨慎一点吗？

第二章
自然状况下的变异

变异性——> 个体之间的不同——> 分布、扩散范围大
的常见物种最易变异——> 各地大属物种比小属物种
更易变异——> 大属物种间的关系及分布的局限性

变异性

在我们将前面章节所得出的各项原理应用到自然状态中的生物之前，必须先进行一个简短的讨论，自然状况下的生物是不是容易出现变异。想要全面地讨论这个问题就不得不列出一个又一个枯燥无味的事实。不过我打算在将来的著作里再来陈述这些枯燥的事情。我也不在这里讨论加于物种这个名词之上的那些多种多样众说纷纭的定义。没有任何一个定义可以让一切博物学者都感到满意。不过，每位博物学者在谈到物种的时候，都可以模糊地说出它们大体上是什么意思。"物种"这个词，一般包含着所谓特殊创造作用这个无法预知的因素。而对于"变种"这个词，基本上也是同样难以用准确的语言给出一个定义，不过，它基本上

普遍地包含着共同系统的意义，虽然这很少可以得到证明。还有我们所说的畸形，也很难明确地解说明白，不过，它们确实是在慢慢地步入变种的领域。个人觉得，畸形是指构造上某种与正常事物有显著差别的现象，对于物种来说，通常情况下都是有害的，或者是没有任何用处的。有一部分著者是在特定的意义方面才会使用"变异"这个名词的，一般被定义为是直接由物理的生活条件所造成的一种变化；这种所谓的"变异"被假定为不可以遗传的。不过，我们来看看，波罗的海半咸水中那些贝类的矮化状态、阿尔卑斯山顶上那些矮化的植物，还有极北地区皮毛较厚的动物，谁敢说在一些情形下，这些物种不是至少遗传了好几代以上呢？我觉得在这种情形中，这样的状况是可以称作是变种的。

在我们的家养动物中，尤其是在植物中，我们时不时会看到的那些突发的和非常明显的构造偏差，在自然环境中是不是可以永久地传下去，是值得我们怀疑的。基本上，每一个生物的每一个器官以及它们的复杂的生活条件，都有非常微妙的关联，就是由于这样，所以看起来才会总是让我们觉得有点难以相信，几乎所有的器官竟然就那样突然地、完善地被产生出来，就好比人类完善地发明了一具复杂的机器一样让人觉得不可思议。在家养的环境中有时会出现一些畸形，它们与那些同自己大不相同的动物的正常构造其实是十分相似的。比如，猪有时生下来就长着一种长吻，如果同属的任何野生物种最原本的样子就是具有这种长吻，那么也许我们也可以说它是作为一种畸形而出现的。但是经过我努力的探讨，并没有发现畸形与极其密切近似物种的正常构造相似的例子，而只有这样的畸形才和这个问题有关系。如果这种畸形类型以前真的在自然环境中出现过，而且还可以繁殖（事实不是一直都这样），那么，因为它们的发生是很少见的，并且还是单独的，所以不得不依靠不同寻常的有利条件，才可以将它们保留下来。而且，这些畸形在第一代以及以后接下来的若干代中，将和普通的类型进行杂交，如此一来，它们的畸形性状基本上就会无法避免地慢慢消失。有关单独的或偶然变异的保存还有延续，我会在下一章进行一些讨论。

个体之间的不同

在相同父母的后代里所出现的许多细微的差异，还有在同一局限区域内，栖息的同种诸个体中所观察到的而且可以设想也是在同一父母的后代中所发生的许多细小的差异，都能够被称为个体差异。不会有人去假定同种的所有个体均是在一个相同的实际模型里铸造出来的。这些个体之间的差异，对于我们的讨论具有十分重要的意义，因为，几乎所有的人都知道，它们通常情况下是可以遗传的。而且这些变异为自然选择提供了足够的条件，供它作用还有积累，就好比人类在家养生物中向着某一特定的方向有计划地积累个体差异一样。这些个体差异，一般都在博物学者们觉得并不重要的那些部分出现。不过我能够用一连串的事实阐述明白，不管是从生理学的还是从分类学的角度去看，都必须称为重要的那些部分，有时在一些同种的个体中，也会出现变异的状况。我相信即使是经验非常丰富的博物学家们，也会对数目可观的变异事例感到十分惊奇。他在一些年中依据可靠的材料，就像我所搜集到的那样，寻找到大量有关变异的事例，就算是在构造的重要部分中，也可以做到这样。而且必须牢记，分类学家一般都非常不乐意在重要的性状里发现变异，而且也极少有人愿意勤劳地去经常性地检查内部的以及其他重要的器官，同时在同种的许多个体间去进行相应的比较。也许从来没有预料到，昆虫们靠近大中央神经节的主干神经分支，会在同一个物种中间出现变异的状况。也许一直以来人们都觉得此种性质的变异，只会缓慢地发生。不过，卢伯克爵士之前曾明确地说过，介壳虫主干神经的变异程度，基本上能够拿树干的不规则分枝进行比拟。我在这里对他的说法进行一些论述，这位富有哲理的博物学者也曾明确地解说过，有些昆虫幼虫的肌肉存在着很多不一致性。当有人提出物种的重要器官一定不会变异的时候，那么他们通常是循环地进行了论证。因为就是这些做学问的人们实际上将不变异的部分看成是重要的器官（比如一小部分博物学者的忠实自白）。在这样的观点里，自然就无法正确地找出重要器官发生变异的例子了。不过，在任何其他观点里，却能够在这方面准确地列出不胜枚举的例子来。

与个体差异有些关联的，有一点让人感到非常困惑，我所说的，就是那些被叫作"变形的"或者是"多形的"属，在这些属中，物种表现出出乎意料的极大的变异量。对于大量的这些类型的物种，到底该列为物种还是变种，基本上找不出意见相一致的两个博物学者。我们可以用植物中的悬钩属、蔷薇属、山柳菊属还有昆虫类以及腕足类的几个属作为例子进行研究。在绝大部分多形的属中，有一部分物种具有稳定的，并且一定的性状，只有一小部分是例外的。而在某些地方表现为多形的属，基本上在其他地方所表现出来的也是多形的，而且，从腕足类进行判断的话，在很久以前的时期也是这样的情形。这样的事实很让人觉得

物种起源精译 WUZHONG QIYUAN JINGYI

困惑，因为它们似乎在说明，这样的变异是独立于生活条件之外的。我猜想我们能够看到的那些变异，最起码在某些多形的属里，对于物种是没有用处或没有害处的变异，也正因为如此，自然选择也就不会对它们发生什么作用了，所以也就无法让它们确定下来，就像以后还要说明的那样。

我们都知道，同种的个体有时候会在构造上呈现出与变异没有关系的巨大差别，比如在各种动物的雌雄间、在昆虫中没有生育能力的雌虫，也就是工虫的二、三职级间，还有在很多低等动物还没有成熟的状态下，以及幼虫状态间所表现出来的极大的差别。又比如，在动物以及植物中，还有二型性及三型性的例子。最近一直很关注这个问题的华莱斯先生曾明确提出，在马来群岛，有一种蝴蝶的雌性有规则地表现出两个甚至是三个明显不相同的类型，而且彼此之间并不存在中间变种的关联性。在弗里茨·米勒的描述中，我们可以看到，有的巴西甲壳类的雄性同样具有十分相似的，不过更异常的情形。比如异足水虱的雄性有规则地表现出截然不同的两种类型：其中一类生有强壮的并且形状不同的钳爪，而另一个类则生有嗅毛极多的触角。尽管在不胜枚举的这些例子中，不管是动物还是植物，在两个或三个类型之间并没有中间类型连接着，但是它们也许曾经是有过某一种我们所不知道的连接的。比如华莱斯先生曾对同一岛上的某种蝴蝶进行过一些描述，这些蝴蝶呈现出一系列的变种，由中间连锁连接着，而在这个连锁的两端的蝴蝶们，与栖息在马来群岛其他地方的，一个近缘的二型物种的两个类型出乎意料地相像。而蚁类也具有相同的情况，工蚁的几种职级通常情况下是非常不相同的。不过在一些事例里，我们在后面还会讲到，这些职级是被分得非常细的级进的变种连接在一起的。就像我自己曾经观察到的，一些两型性植物也是相同的情况。同一只雌蝶，可以具有在同一时间里能够产生三种不同的雌性类型以及一种雄性类型的神奇能力。一株雌雄同体的植物可以在同一个种子中产生出三种并不相同的雌雄同体的类型，并且包含有三种不同的雌性以及三种甚至是六种不同的雄性。这诸多事实，猛看上去确实让人觉得非常神奇难解，然而，我们所说的这些事例只不过是接下来要说的一个很普通的事实进行夸大后的现象而已，这个所谓的普通事实就是雌性所产生的雌雄后代，彼此之间的差异，在一些情况下会达到惊人的程度。

分布、扩散范围大的常见物种最易变异

依据理论的指导，我曾做过一些设想，如果把几种编著得比较好的植物志中所有的变种列成一个表，在各个物种的关系以及性质方面一定能够获得一些有趣的结果。在最初看起来，这似乎是一件非常简单的工作，可是没过多久，华生先生让我看到了其中存在着多么大的困难。对于他在这个问题方面给予我的宝贵的忠告还有帮助，我十分感谢。后来，胡克博士也曾如此说过，而且更是强调了这件事的困难性。在以后的文章中，我会慢慢地对这些难点还有各变异物种的比例数进行深入的讨论。当胡克博士详细阅读过我的原稿，同时审查了各种表格之后，他准许我进行补充说明，他认为下面的说法是可以成立的。其实要论述的这个问题是十分复杂的，而且它不得不涉及我们在后面将要讨论到的"生存斗争"、"性状的分歧"，还有其他的一些问题。但是我们在

这里，必须尽可能简单明了地讲明白。

德康多尔以及其他学者曾经明确指出，分布范围广的植物一般容易出现变种。这都是能够意料得到的，因为这些植物生活在不同的物理环境里，而且，它们还必须与其他各类不同的生物进行生存竞争（这一点，在后面我们会提到，这算是同样的甚至是更重要的条件）。不过，我进一步明确地指出，不管是在什么样的受限制的地区中，最普通的物种，也就是那些个体最繁多的物种，还有在它们自己的区域当中分散最广的那些物种，毫无疑问的，时常会出现变种现象，而且这些变种有足够明显的特征来引起植物学者的注意，并注意到其变异的价值，从而进行相关的记载。所以说，最繁盛的物种也许可以看作是优势的物种，因为它们分布范围最广，而且在自己所处的地区中分散最大，它们的个体也是最多的，经常出现明显的变种，或者是像我之前说过的，所谓初期的物种。应该说，这基本上是能够预料到的一点。因为，如果变种想要在任何程度上成为永久性的话，就必须要与那些与自己处于相同环境中的其他居住者进行斗争。那些取得绝对优势的物种最适合继续繁殖后代，而它们所产生的后代就算是有轻微的变异，也依然会遗传双亲优于相同地域其他生物的那些优点。我们在这里提到的优势，是指相互竞争的过程中，不同生物所具有的优点，尤其是指同属的或同类生物个体的优点。对于个体数目的多少，以及这种生物是否常见，只是就同一类群的生物来说的。比如，一个高等的植物，如果自己的个体数目以及分散范围都比与它生长在同一地区，条件并不比自己差的其他生物优越的话，那么，这个植物就占据了最优势的一端。此类植物，不会因为在本地的水中的水绵或其他一些寄生菌的个体数目变多，分布范围变广，而影响到自己的优势。不过，如果水绵还有那些寄生菌在前面讲到的各方面都超过了它们的同类，那么水绵以及寄生菌就会在同类中具有一定的生存优势了。

各地大属物种比小属物种更易变异

如果将记载在任何一本植物志上的某个地区的植物分成对等的两个群，将大属（也就是包含很多物种的属）的植物分成一个群，将小属的植物另分成一个群，就能够看出大属里包括一些很普通的、非常分散的物种，也能看到数目不菲的优势物种。这基本上是能够预料到的。因为，单单是在任何地域里都栖息或生活着同属的很多生物这个事实就能够阐明，这个地区的有机的还有无机的条件，一定是在某些方面有利于这个属的生存与发展。那么，我们就能够预料到在大属里，也就是在包含许多物种的属里，发现数目比例比较多的优势物种。不过，有多种多样的原因造成了这样对比的结果没有预料中那么明显。比如，让人感到十分惊讶的是，我所做的图表所显示的结果是大属所具有的优势物种只是略微占了上风而已。那么，就来讲两个造成这种结果的原因。淡水植物以及咸水植物一般分布都比较广，并且扩散大，不过这样的情况似乎与它们居住地方的性质有一定的关联性，而与这种生物所归的属的大小关系并不大，甚至没有关系。此外，一些体制低级的植物通常情况下比高级的植物分布范围更广，并且也与属的大小没有太大的关系。为什么体制低级的植物反而分布的范围比较广呢？我们在后面有关"地理分布"的章节里会进行相关的讨论。

因为我将物种认作只是特性明显并且界限分明的变种，因此我推断，各地大属的物种估计会比小属的物种出现变种的频率更高一些。其中的缘由在于，在很多密切近似的物种（即同属的物种）已经形成的地区，依据通常的规律，应该会出现许多变种，也就是初期的物种。就好比在很多大树生长的地方，我们能够找到一些树苗，是一样的道理。凡是在一属里，因为变异而形成许多物种的地方，之前对变异有利的条件，一般情况下会继续有利于变异的发生。反之，如果我们将各个物种看作是分别创造出来的，那么我们就找不出具有说服力的理由来说明为什么物种多的生物群会比物种少的生物群更容易出现大量变异的情况。

为了对这种推断的真实性进行检验，我将来自12个地区的植物还有两个地区的鞘翅类昆虫排列为基本上相等的两个组，将大属的物种排在一边，把小属的物种排在另一边。结果明确地向我们显示，大属那边的情况比小属这边产生变种的物种多出很多。还有，不论产生什么样变种的大属的物种，都永远比小属的物种所出现的变种在平均数上多出很多。如果我们再换一种分群方法，将那些仅仅有一个物种到四个物种的最小属都不列入表中，最后也得出了与前面一样的两种结果。这样的事实，对于物种只是明显的并且还是永久的变种这样的观点具有很重要的意义。这些是由于，在同属的许多物种以前形成的地方，我们也可以换种说法，在物种的"制造厂"以前活动的地方，通常情况下，我们还能够看到这些"工厂"到现在依然在活动，因为我们有十足的理由去相信新物种的制造是一个漫长的过程。如果我们将变种认定为是初期的物种，那么前面所讲的就一定是正确的。因为我清楚而明确地表达出一个普遍的现象，那就是，如果一个属产生的物种数量很多，那么这个属内的物种所产生的变种（也就是初期的物种）数目也会有很多。我不是在说所有的大属如今的变异都很大，所以都在增加它们的物种数量，也不是在说小属如今都不再变异，并且不再增加物种的数量。如果真的是这样的话，那么我的学说就会遭到致命的打击。地质学清楚地向我们说明：随着时间的推移，小属内的物种也经常会出现大量增多的现象，而大属往往因为已经达到顶点，而出现物极必反的现象，逐渐衰落甚至消亡。我所要阐明的只是：在一个属的许多物种曾经形成的地方，在普遍情况之中，依然还会有很多的物种继续形成，这点一定符合实际情况。

大属物种间的关系及分布的局限性

大属中的物种以及大属的变种之间还有一些值得我们关注的关系。我们已经知道，物种与明显变种的区别目前还没有一个明确而中肯的标准。一般情况下，如果在两个可疑类型之间找不出中间连锁的话，博物学者们就只能依据这两个类型之间的差异量来做决定了，用类推的办法去判断这个差异量是不是可以将其中的一方或者是将二者全都升到物种的等级当中。这样一来，差异量就成了解决两个类型到底是应该划入物种的行列还是变种的行列的一个非常重要的标准了。弗里斯之前在谈到植物，还有韦斯特伍德之前在谈到昆虫方面时，二人均指出，在大属中物种和物种间的差异量一般情况下都是很小的，我之前一直在努力用平均数去验证这样的说法，最后，根据我得到的不完全的结果，可以看出，这样的说法是正确的。我还请教过几位敏锐的以及富有经

不会飞的鸟类食火鸡，发现于澳大利亚和新几内亚。

验的观察家，在经过详细的考虑之后，他们也认可并称赞这样的说法。所以说，从这个方面来讲，大属的物种相较于小属的物种来说，更像变种。这样的情况，也许能够用其他的说法来解释，这也就意味着，在大属里不但有多于平均数的变种（或初期物种）在形成，就是在很多已经形成的物种中，也存在很多的物种在一定程度上与变种十分相像，这是因为这些物种之间的差异量没有普通物种的差异量那么大。

再进一步地说，大属中物种之间的相互关系与任何一个物种的变种的相互关系是十分相像的。任何的博物学者都不会说，同一属中的所有物种在彼此区别上是相等的，所以一般情况下，我们会将物种分为亚属、组，甚至是更小的单位。弗里斯曾经明确地告诉过我们，小群的物种就像卫星一样环绕在其他物种的周围。所以说，我们所讲的变种，实际上也不过就是一群类型，它们之间的关系并不均等，环绕在某些类型，也就是环绕在它们自己的亲种的周围。变种同物种之间，毫无疑问地存在着一个非常重要的区别，那就是变种与变种之间的差异量，或者是变种同它们的亲种之间的差异情况，比同属的物种与物种间的差异情况，会小很多。不过，等后面我们讨论到被我称为"性状的分歧"的原理时，就能够看到如何解释这一点了，也就知道如何去解释变种之间的小差异是怎样增大成物种之间的大差异了。

还有一点值得我们注意，那就是变种的分布范围通常情况下都会受到很大的限制，这点暂时还是无法清楚地论述明白，因为，如果你发现了某个变种比它的假定亲种有更广阔的分布范围，那么显而易见的，这种变种就该与自己的亲种互换位置了。不过也有理由相信，与其他物种密切相似的，而且还十分类似变种的那些物种，一般情况下它们的分布范围都会非常受限制。比如，华生先生曾将精选的《伦敦植物名录》（第四版）里的63种植物指给我看，他所指出的那些植物都被列为物种，不过因为这些植物与其他物种具有十分相似的地方，所以华生先生觉得它们作为物种的身份值得怀疑。根据华生先生所作的大不列颠区划，前面我们提到的这63种值得怀疑的物种，它们的分布范围平均在6.9省。在同一本书中，还记录着53个公认的变种，它们的分布范围是7.7省。而这些变种所属的物种的分布范围则是14.3省。由此能够看出，公认的变种与密切相似的类型具有几乎一样的，受到限制的平均分布范围，这些密切相似的类型，就是华生先生曾经与我说的可疑物种。不过，这些可疑的物种基本上都被英国的植物学家们认定为真正意义上的物种了。

第三章
生存斗争

生存斗争与自然选择——＞生物按几何级数增加
的趋势——＞抑制生物增长的因素

生存斗争与自然选择

　　在还未开始这一章的主题之前，我不得不先说几句开场白，来说明一下生存斗争与自然选择有什么样的关系。在之前的一章里我们已经讲过，处在自然环境中的生物是有某种个体变异的。我确实不清楚对于这个论点曾经有过争议。将一群可疑类型称为物种或亚种或者是变种，事实上对于我们的讨论并没有太大的作用。比如，只要承认有些明显的变种存在，那么将不列颠植物里两三百个可疑类型，不管是列入哪一级，又有什么关系呢。不过，只是知道个体变异以及少数的一些明显变种的存在，尽管作为本书的基础是必要的，却很少可以帮助我们去理解物种在自然环境中是如何发生的。生物结构中的某一部分对于另一部分还有其对于生活环境所作出的所有巧妙的适应，以及这个生物对于另一个生物的所有看起来顺其自然的适应，是通过什么样的过程达到的呢？对于啄木鸟与槲寄生的关系，我们可以明确地看到那种十分融洽的相互适应关系；对于附着在兽毛抑或是鸟羽上面的那些最下等的寄生物，还有潜水甲虫的构造，以及那些依靠微风飘在风中的具有茸毛的种子等，我们也仅仅是看到了一点点不太明显的适应现象。简单来说，不管在什么地方，不论是生物界里的什么部分，都可以看到这种神奇的适应现象。

接下来，我们还要思考一个问题，那就是，那些被称作是初期物种的变种，到最后是怎样发展为一个明确的物种的呢？在绝大多数情况中，物种与物种之间的差别，明显超过了同一物种的变种之间的差别。而构成不同属的物种之间的差异，又比同属物种之间的差异大很多，那么这些种类又是如何出现的呢？所有我们看到的和听到的论断与问题，应该说，均是从生物的生存斗争中得来的。正是因为这样的斗争，不论是如何微小的变异，也不论是出于什么样的原因导致了变异的发生，只要对一个物种的个体有积极的意义，那么这个变异就可以让这些个体在与其他生物进行的生存斗争以及与自然环境的斗争中，完好地保存下来，而且这些变异一般都可以遗传给后代。这样，后代们也就得到了较好的生存机会，这是因为一般在所有物种定期产生的许多个体中间，只有少数的个体可以生存下去，现在遗传了变异的个体正是拥有了更好的生存条件。我将每一个有利于生物的细小变异被保存下来的这种现象称作"自然选择"，来区别它与人工选择的关系。不过，斯潘塞先生经常使用的一个词"最适者生存"，看起来更为准确一些，而且使用起来也更为方便一些。我们已经看到，人类可以利用选择来获得巨大的效益，而且通过累积"自然选择"积攒下来的那些细小并且有用的变异，我们就可以让生物们在我们的生活中变得越来越有用。不过，在经历过"自然选择"之后，我们将要看到的，是一种永无止境的神奇力量，它的作用远远地超过了人类的力量所能干涉的范围，二者之间的差别就像人类艺术与大自然神奇的作品在做比较，其间存在着的差距，是无法估算出来的。

接下来，我们准备对生存斗争进行一个稍微详细一点的讨论。在我以后的另一本著作中，还会对这个问题进行更多的讨论，这个问题值得我们深入地进行更多的讨论。老德康多尔和莱尔两位先生之前曾从哲学的角度，向我们说明，所有的生物都暴露在激烈的生存竞争之下。对于植物，曼彻斯特区教长赫伯特极有气魄地用自己卓越的才华对这个问题进行了讨论，很明显这是他拥有着渊博的园艺学知识的缘故。最起码在我看来，只是在口头上承认普遍的生存斗争这个真理，对于每个人来说都是相当简单易做的事情，不过，如果将这个思想时时刻刻都放在自己的心中，并没有那么容易，也不是每个人都能做到的。但是，如果不能够在思想中去完完全全地思考这个道理，那么我们就会对包含着分布、繁盛、稀少、绝灭还有变异等诸多事实的自然组成的整体情况出现模糊的认识，也有可能完全将其误解。比如，我们时常看到身边的自然环境向我们展现的是一种明亮而快乐的色彩，我们总能看见很多被剩下的食物，但是我们没有发现甚至是忽略了那些悠然地在我们周围欢唱的鸟儿绝大多数都是以昆虫或植物的种子为食的，这就是在说，它们在觅食的同时常常毁灭一些别的生命。而且，我们也总是忘记或者忽略，那些欢快的鸟儿以及它们生产的蛋，甚至是它们所生产出来的幼鸟又有多少会被其他

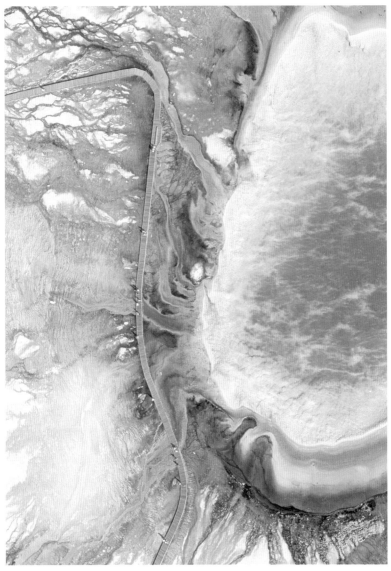

● 美国黄石公园的大棱镜泉彩虹般绚烂的颜色来自于蓝藻菌和其他种类的微生物。人们在旁边修筑道路进行观赏，却无法改变，"自然选择"的力量远远超过了人类所能干涉的范围。

食肉的鸟以及食肉的兽类所毁灭。我们都不应该忘记，即使现在我们看到的食物是过剩的，并不代表每年的所有季节中都是这样的情况。

生物按几何级数增加的趋势

所有的生物都有高速率增加其个体数量的倾向，所以生存斗争的出现是无法避免的。基本上所有的生物在自己自然的一生当中都会生产出或多或少的卵或者是种子，在它们生命中的某一个时期，某一个季节，或者是某一年里，总难逃脱被毁灭的命运，如果不是这样的话，根据几何比率增加的原理，这些生物的数目就会在一定的时间里变得越来越多，直到没有足够的地方可以容纳得下。所以说，正是因为产生的个体比可能生存的多，所以在不同的情况下都一定会出现也必须出现生存斗争，也许是同种的这一个体与另一个体斗争，也有可能是与异种的个体进行斗争，还有一种就是相同物理条件之下的生存斗争。这正是马尔萨斯的学说，以数倍的力量应用于整个的动物界以及植物界。因为在这样的情况之下，不但无法人为地增加食物，同时也不能够谨慎地限制交配。虽然有一部分物种目前看起来是在或多或少地增加自己的个体数目，但是，并不是所有的物种都能够这样，要不然，这个世界就真的容纳不下它们了。

如果每种生物都高速率地自然繁殖，不断增加数目而不死亡的话，那么，就算是只有一对生物，它们的后代也会很快地遍布于地球的角角落落中。这是一个没有例外的现象。就算是生殖速度低的人类，也可以在 25 年的时间里增加一倍。如果按这样的速度去计算的话，用不了 1000 年，他们的后代基本上就找不到立脚的地方了。林奈以前做过这样的计算，假如一株一年生的植物只生两粒种子（事实上基本上没有如此低产的植物），而它们的幼株到了第二年也只生两粒种子，如此一直进行下去，等到20 年以后，就会有 100 万株这样的植物了。但是，事实是，生活中并不存在生殖能力如此低的植物。象在所有已知的动物里被看作是生殖最慢的动物，我曾努力地计算了它在自然增加方面最小的可能速率。我们可以保守地进行一个假设，象在 30 岁的时候开始第一次生育，然后一直生育到 90 岁左右，在它的一生之中，一共可以生 6 只小象，而且它可以活到 100 岁。如果这样的假设是成立的，那么，等到 740 到 750 年以后，这个世界上就会有将近 1900 万只象生存着，而且，这些象均来自最开始的那一对象。

对于这个问题，不只是有理论上的计算，我们还有更有力的证明，大量的事实向我们展示了一个可怕的情况，那就是，如果自然环境对于处于其中的生物们连着两三季都十分适合生存与发展的话，那么这些生物就会出现惊人的繁殖速度。还有一些更值得注意的证据，是从很多种类的家养动物在世界上很多地方都出现返归野生状态这样的事例得到的。生育速度比较慢的牛以及马，在南美洲还有这几年来在澳大利亚产量迅速增加的记录，如果不是有确切的数据证明，那真的是让人感到难以相信。植物们也是同样的情况。我们拿从其他地方移入本地的植物为例，用不了 10 年的时间，它们就可以将足迹遍布于整个岛上，慢慢地成为普遍易见的普通植物了。在所有的例子中，而且在我们还能够举出的更多的其他例子里，基本上没人会假定动物或植物的能育性在任何可以觉察到的程度突然地或者是暂时地增加了。最显而易见的解释是，这些生物的生长繁殖条件在那些地方是高度适宜的。所以不管新生的还是老旧的，都不会被毁灭，而且基本上所有的幼者都可以顺利地长大，然后进行下一轮的繁衍。依据几何比率的增加原理，那么，这些生物的生长结果永远都是惊人的。几何比率的增加原理向我们简单地说明了生物们在新的环境中为什么会异常迅速地繁衍扩大。

在自然环境中，基本上每个得到充分成长的植株，年年都会产生种子，而在动物的世界里，也很少有动物不是每年都进行交配的。所以我们能够明确地判断出，所有的植物以及动物们都存在着按照几何比率增加的倾向。每一处它们能够很好地生存下去的地方，都会被它们以最快的速度侵占并四处分布。而且，这样的几何比率增加的倾向，必然会在生存的某个时期里，因为出现死亡现象而遭到抑制。因为我们比较熟悉大型的家养动物，于是，很容易将我们引入误解的道路上去，因为我们基本上没有见到过它们遭遇大量的毁灭。事实上，我们忽略了每年都会有大批量的动物被屠杀来供人类食用这样的现实，而且我们还忽略了一点，那就是，在自然环境中同样有一定数目的生物出于各种各样的原因而被消灭掉。

生物界里，有的生物每年能够产卵或种子数以千计，也有一些生物每年只生产为数不多的卵或种子，这两种生物之间的差别是，生殖速度慢的生物，在适宜生存的条件下，需要比较长的年限才可以蔓延到整个地区，前提是这个地区是非常大的。一只南美秃鹰能够生出两个卵，一只鸵鸟可以生出20个卵，但是在相同的地方，南美秃鹰很有可能会比鸵鸟多出很多。一只管鼻鹱每次只生一个卵，但是想必人们都觉得，它是世界上数量最多的鸟。一只家蝇一次能够产出数百个卵，而别的蝇，比如虱蝇一次却只生一个卵，不过，生卵的量多量少，并不能决定这两个物种在相同地区中有多少个体能够生存下来。由食物量的多少而决定自身数量多少的那些物种，每次产卵必须有足够多的产出，这对于它们来说是十分重要的，因为生物充足的情况下能够让它们迅速地得到繁衍和扩大。不过，大量产生的卵或种子，真正的重要性在于，用来补偿生命在某一时期遭到严重毁灭时的损失，而这个时期基本上都是这一物种生命的最初期。如果一个动物可以用所能做到的一切方法去保护自己的卵或者是幼小的后代，那么即使是少量生产，也依然可以充分保持自己的平均数量。假如大部分的卵或者是幼小后代遇到了来自外界的毁灭，那么就必须提高产量，不然物种就会面临绝灭的境况，比如说，如果有一种树一般寿命为 1000 年，但是在这 1000 年里只能产出一颗种子，我们假设这颗种子一定不会被毁灭掉，而且正好是在最适合生长的环境中萌发，如此下去的话，就可以充分保持这种树的数目了。所以说，在任何环境之中，不管是哪一种动物还是植物，它们的平均数目仅仅是间接地依存于卵或种子的数目的。

在自然界进行观察时，我们应该时刻记住前面的论点，这是非常有必要的。一定不要忘记，所有的生物可以说都在努力尽可能多地增加自己的数目。一定要记得，任何一种生物在自己生命的一些时期里，必须通过斗争才可以生存下去，也一定要记得，在生物的每一世代里或者是在它们的间隔周期中，一些幼小或老弱是无法避免地要面临一次巨大的毁灭性的灾难的，只要抑制作用稍微减轻，毁灭作用稍微出现一些缓和，那么这种物种的数目就会立时以最快的速度发展壮大。

抑制生物增长的因素

任何生物增加的自然倾向都会受到各种抑制，具体是因为什么，却难以解释清楚。看看那些生命力顽强的物种，它们的个体数目非常多，密集成群，于是它们的数量进一步增加的趋势也就无法阻挡的强盛。而对于抑制增多的原因到底是怎么回事，我们甚至找不出一个事例，没办法得到确切的答案。事实上这并不是什么奇怪难解的事情，不管是谁，只要稍微想一下，就会发现我们对于这个问题是多么无知，甚至我们对于人类的了解远远地超出对其他动物的了解。对于抑制增加的这个问题，已有很多名著者进行过一系列的讨论，我期待能够在以后的一部著作里得到较为详细的讨论结果，尤其是对于南美洲的野生动物更应该进行十分详尽的讨论，这里我只是稍微提一提来引起大家注意几个要点就好。生物的卵或者是幼小的后代，通常都是最容易受到伤害的，而且这种现象并不是局限于某几种生物，而是几乎所有的生物，都会无法避免地有这样的遭遇。植物的种子被毁灭的很多，不过根据我所做的一些观察，能够看出来，在长满其他植物的地上，新生的幼苗在发芽的时期遭遇灾难的情况是最多的。而且，这些幼苗还会被其他敌害大量地进行毁灭，比如，我曾在一块三英尺长两英尺宽的土地上进行耕种前的除草，以利于新种植的植物幼苗不会遭受到其他植物的竞争性迫害，等到幼苗长出来以后，我把所有的幼苗上都作了记号，最后发现，原本有 357 株竟然有 295 株都遭到了毁灭，主要是遭到蛞蝓以及昆虫毁灭性的袭击。如果让植物随意地在长期刈割过的草地上自然生长，就会看到，较强壮的植物慢慢地会将不够强壮的植物消灭掉，就算这些弱者已经长成，也难逃被毁灭的命运，经常放牧的草地上也是这样的情形。在一块被割过的，长四英尺宽三英尺的草地上，自然生长着 20 种植物，随着生长的推移，有九种生物会因为其他生物的自由生长而走向灭亡。

食物的多少，对所有物种增加所能达到的极限，很自然地存在着极大的影响力。不过，真正影响某种物种的平均数，更多的并不是食物的获取，主要的还在于被其他种动物所捕食的程度。所以说，不管在哪里，大片领地上的松鸡、鹧鸪、野兔的数目，主要取决于有害动物对其进行的毁灭程度，这一点似乎不用去怀疑。如果在以后的 20 年里，在英国不再伤害任何一个猎物，同时也不对那些有害的动物进行毁灭，那么，我们所能见到的猎物基本上会出现比现在还要少的情况。即使现在每年都有数十万只猎物被人类杀死。与此相反的是，在一些情况下，比如象，很少会遭遇猛兽的残害，就算是印度的猛虎，也很少敢去攻击由母象保护着的小象。

影响物种平均数的原因，除了前面提到的，气候也起着很重要的作用。而且，极端寒冷或者是长期干旱的那种周期季节，基本上在所有的抑制作用中是属于最有效果的一种作用。我估计，1854 到 1855 年的冬天，在我居住的这片区域，遭到毁灭的鸟，最少有五分之四（依据春季鸟巢数目大量减少的迹象就能看出来）。不得不说，这真的是一次灾难性的毁灭。我们都明白一件事情，那就是如果人类因为传染病而死去百分之十的话，那么这就算是非常重大，十分惨重的死亡了。最开始，我们看到，气候的作用好像是与生存斗争没有什么关系的，但是，正是因为气候的主要作用会使得食物减少，只从这一方面来看，它便导致或者加重了同种的或异种的个体间不得不进行最激烈的生存斗争，因为这些个体依靠着相同的食物来保障自己的生存。就算是气候直接起作用的时候，比如突然天寒地冻的时候，损失惨重的依然是那些相对弱小的个体，或者是那些在冬天无法获得大量食物的个体。如果我们从南方一直旅行到北方，或者是从湿润地区到干燥的地区，一路上如果你注意了的话，就会发现有一些物种在随着你的前行而依次慢慢稀少直到再也找不到它们的踪迹。气候的变化是显而易见的，所以我们难免就会将这整个的效果归因于气候的作用使然。可是，这样的认识是不正确的。人们总是容易忽略各种物种，就算是在它最繁盛的地方，也无法避免地会在自己生命中的某个时期，因为来自外界的敌害的侵袭，或者是相同地区生物们对食物的激烈竞争而遭到大量的毁灭。如果气候出现了一点点的改变，只要稍微有利于那些敌害或者是竞争者，那么它们的数目就会以最快的速度上涨。而且，因为每个地区都已布满了生物，所以该地的其他物种免不了会出现减少的状况。假如我们朝着南面旅行，发现有的物种的数量在减少，那么，只有稍微一留心，你就会发现，这一定是因为有其他物种获得了利益，代价就是这个物种受到了损害。我们朝着北方旅行的景象也是这样的，但是程度会差一些，这是因为几乎所有物种的数量在向北去的路上基本上都在减少，照这样下去，竞争对手自然也就少多了。所以当我们朝着北方旅行或者是登高山的时候，就能够发觉，比起朝南旅行或下山时候的情景，我们遇到的植物一般都比较矮小，这是因为气候的直接有害作用造成的。当我们去北极区或者是雪山之巅，抑或是荒漠里的时候，就可以注意到，这些地方的生物基本上是必须要与自然环境进行斗争才能够生存下来。

在剑桥时，达尔文成为一个狂热的甲虫收藏家，虽然那时他还没有意识到生物多样性的起源。

在花园中，那些数目居多的植物，基本上能够完完全全地适应我们的气候，却永远不能够归化，因为它们没有实力去抗衡我们的本地植物，同时也抵挡不了本地动物的侵害，因此，我们能够看出，气候的影响，基本上是间接地有利于其他生物的。假如一个物种，因为高度适宜它生存的环境条件，而在一片范围里过分增加了自己的数目，那么往往就会引发一系列的传染病等不良情况，这点最起码能够从我们的猎物们身上看出来。这里有一种与生存斗争没有关系的限制生物数量的抑制。不过，有一部分所谓传染病的发生，是因为寄生虫导致的，这些寄生虫出于各种各样的原因，有一些估计是因为可以在密集的动物中大量传播，所以对于自己的生存与壮大十分有益，这种情况下就会发生寄生物与寄主之间的斗争。

此外，在很多情形下，相同物种的个体数目必须比它们的敌害的数目多出很多才能够在竞争中胜出，得以保存并发展壮大。如此，我们就可以较轻易地在田里获得数量可观的谷物还有油菜籽等粮食，其中的原因在于，这些植物的种子与吃它们的鸟类相比，在数量上占据着绝对的优势。虽然鸟类在这一季里拥有着非常丰富的食物，只是它们无法按照种子供给的比例来增加自身的产量，因为它们的数量在冬季会面临抑制。只要是做过试验的人都知道，想要从花园中少数小麦或其他这类植物中获得种子是多么不容易。我曾在这样的状况里失去每一粒种子。

同种生物必须保持大量的个体才可以保证自己的生存与发展，这个观点能够用来解释自然界中一些比较奇怪的现象，比如，一些很少见，比较稀缺的植物，有的时候会在它们生存的一些极少数的地方，非常繁盛地生长着，有的丛生性的植物，甚至在分布范围的边缘地带，也依然可以<u>丛生</u>，也就代表着，这些植物的个体十分繁盛。一般看到这样的情形，我们就能够准确地说，那些能够让大多数个体可以共同生存的有利自然条件，才能成为一个物种生存与发展的条件，如此才能保证这个物种逃离被全部毁灭的灾难。另外，我还想补充说明的是，一些杂交优秀的效果还有近亲交配的效果不太好的结果，也毫无疑问地会在这样的事例中表现出它的作用，但是我暂时不准备在这里详述这个问题。

第四章
最适者生存的自然选择

自然选择——＞性选择——＞自然选择带来的灭
绝——＞性状趋异——＞自然选择经性状趋异及灭
绝发生作用

自然选择

　　我们在前面的章节里简单地讨论过生存斗争，那么生存斗
争在变异方面到底起着什么样的作用呢？在人类眼中那些发挥着
巨大作用的选择原理，可以放在自然界中使用吗？我认为我们很
快就会发现，这个是可以非常有效地发挥其作用的。我们一定要
记得，家养生物身上存在很多轻微的变异以及个体差异，自然
环境中的生物也有一定程度上的无数轻微变异以及个体差异。而
且，我们还要清楚地记住遗传倾向的影响力。在家养状况中，能
够准确地说，整个生物群的体制从一定程度来看早已具有可塑性
了。几乎我们所遇见的普遍的家养生物身上出现的变异现象，就
像胡克和阿萨·格雷说的那样，并不是通过人力的直接作用而出

现的。人类是不可能直接制造出变种的，也不可能阻止生物出现变种的事情发生。我们能做的，就是将已经出现了变异情况的物种加以保存还有积累。人类在没有意识到的情况下将生物放在新的还有变化着的生活环境中，于是促进了变异的发生。不过，生活环境近似的变化能够并且也确实会在自然环境中出现。我们还要记得，生物之间的相互关系还有它们对于自己所处的物理条件之间的关系，是非常复杂并且十分密切的。所以说，对于生活在生活条件总是充满了变化中的生物们来说，无穷分歧的构造是有一定作用的。如果说对于人类有用的变异一定是发生过的，那么，在广阔的天地间，在生物复杂的生存斗争里，对于每个生物在某些方面有积极意义的一些变异，在连续的很多年中，难道不能够一直发生吗？假如这种有用的变异确实可以发生（一定要记住产生的个体数目比可能生存的数目多出很多），那么比其他个体更具有优异条件（即使程度是轻微的）的个体，就具备了最好的机会去很好地生存以及不断地繁衍后代。这还有什么是值得我们去怀疑的呢？从另一个角度来讲，我们能够确定，在所有有害的变异中，就算是程度非常细小，也能够遭到严重的毁灭。我将这种有利的个体差异以及变异的保存，还有那些有害变异的毁灭，称为"自然选择"，或者也可以叫作"最适者生存"。没有什么用处，也不会有什么害处的变异，基本上不会受自然选择作用的影响，它们可能成为彷徨的性状，就像我们在某些多形的物种里所看到的那样，也有可能慢慢地成为固定的性状，所有的这一切都由生物的本性以及所处的生活条件而决定。

有一部分著者理解错了"自然选择"的意思，还有一些人明确地反对"自然选择"这个用语。有的人甚至想象自然选择能够促使变异的发生，事实上它只是保存了已经发生的，还有对生物在其生活条件下有利的一些变异而已。基本上没人反对农学家所讲的人工选择造成的那些非常大的效果。但是，在这样的情形下，一定得是先有在自然界的作用下自己表现出来的一些各种各样的差异，然后人类才可以根据自己的一些目的来进行选择与保存。也有一些人不赞成"选择"这种说法，在他们的认为当中，"选择"具有这样的意义：被改变的生物们可以进行有意识的选择，更有甚者，他们极力主张，如果说生物们没有意志作用，那么选择就不会应用于它们身上。如果只是简单地看这些文字的话，貌似没有什么问题，自然选择这种说法看起来确实有点不够确切。但是，换个角度说，有谁曾怀疑过化学家所说的各种元素具有选择的亲和力这种说法呢？如果严谨地说的话，真的是不可以说一种酸选择了它乐意化合的那种盐基。有人质疑我将自然选择看成是一种动力甚至是"神力"。但是又有谁会去反对一位著者说的万有引力，进而控制着行星运行的这种说法呢？所有的人都知道，这样的比喻蕴含着什么样的意义。为了能够简单明了地说明问题，这样的名词应该说是非常有必要的。此外，如果说想要避免"自然"一词的拟人化，对于研究来说，基本上是很难做到的。不过，我所说的"自然"，也只是指许多自然法则的综合作用还有它们的产物，而法则就是我们能够确定的各种事物之间的因果关系。只需稍微了解一些，那么，那些肤浅的反对声音，就能够被我们忽略并且忘掉了。

对那些在经历着一些轻微物理变化，比如气候正在发生着变化的地方，进行观察和研究，我们就能够很好地去理解自然选择的基本过程了。如果气候出现了异常的变化，那么，当地生物的比例数基本上在很短的时间内就会出现一个明显的变化，有的物种甚至会绝灭。从我们目前了解的各地生物之间的密切并且复杂的关系上看，能够得到下面的结论：就算是暂且忽略气候的变化这一条件和原因，一种生物在所生存地区的比例数不管是发生了什么样的变化，都会严重地影响到与它在同一个地方以及附近地方其他生物的生存与发展。假如那地区的边界是开放的，那么新类型一定会迁移进去，如此一来就会在很大程度上扰乱一些原有生物之间已经形成的稳定的关系。一定要记得：从其他地方引进来一种树或者是一种哺乳动物，所带来的影响是多么有力，对于这点，已经做过解释。不过，在一个岛上，或者是在一个被障碍物部分干扰的地方，如果那些比较易于适应的新型物种无法自由移入，那么这个地方的自然组成中就会空出一部分空间，这样的情况下，假如有的一些原有生物根据某种途径出现了变化，那么它们一定会将在很短的时间内遍布那里填补之前的空缺。假如那片地方是允许自由移入的，那么外来的生物应该早早就取得那里的统治地位了，哪里还有变种们的容身之处。在这样的情况里，不管多么轻微的变异，只要不管在什么方面，都能够对物种的个体产生有力的作用，能够更好地让它们去适应发生了变化的外界条件，那么就有可能被保存下来，这也就是说，自然选择在改进生物这项工作方面就有了发挥作用的地方了。

我们能够找到足够的理由去相信，生活环境的更改，能够促进变异性的增加。在前面我们所讲的情况里，外界条件改变，有利于变异发生的机会就会慢慢增加，对于自然选择来说，这当然是有很大益处的。如果没有有利的变异发生，那么自然选择就不会发挥自己的作用，一定不能够忽略"变异"这个名词所包含的也只不过是个体差异而已。人类将个体差异依据任意一种既定的方向积累起来，就可以让家养的动物以及植物出现巨大的变化，与此相同的是，自然选择同样可以这样做，并且还简单很多。并且相比之下容易多了，因为它可以在很长的一段时间内发生作用。我不认为非得有什么巨大的物理变化，比如气候的变化，或者是高度的隔离来阻碍移入，并不是必须借助腾出来的新位置，自然选择才可以改进那些变异着的生物，而让它们能够填充进去。由于所有地方的所有生物都在用严密的平衡力量进行着生存斗争，如果某个物种的构造或者是习性出现了极为细小的变化，通常情况下都能够让它比其他生物多出很多生存的优势。如果这个物种能够继续生活在同样的生活条件中，而且继续以同样的生存以及防御的手段获得有力的生存条件，那么同样的变异就会渐渐发展壮大，也就是说，在绝大部分的时间里这种情况都能够让这种生物的优势越来越强大。还没有这样的一个地方，在那里，所有的本地生物之间已经能够完全互相适应，并且对于它们所生活在其中的物理条件也能够全部适应，于是它们中间没有一种生物无法做到适应得更顺利一些或变化得更为进步一些。因为在所有的地方，来自外部的生物往往能够顺利地战胜本地的生物，同时还能够有力地占据这片土地。来自其他地方的生物既然可以如此在别的地方战胜一部分本地的生物，那么我们就能够肯定地说：本地的生物也会出现一些有利于自身的变异，来帮助自己更好地去抵抗那些来自外地的入侵者。

人类借助有计划的以及无意识的选择方法，可以产生出并且也确实产生了伟大的结果，到那时自然选择为什么就不能发生效果呢？人类仅仅能作用于外在的以及可见的性状："自然"，也就是假如准许我将自然保存或最适者生存用人的方式来做比喻，这里，不考虑外貌的问题，除非有的外貌对于生物的研究有一定的作用。"自然"可以对各种内部器官、各种微细的体制差异还有生命的整个组织产生各种各样的作用。人类通常只是为了自己的利益去进行选择。"自然"也只是对被它所保护的一部分生物本身的利益而进行选择。不管是什么样的，被选择的性状就像它们被选择的事实所讲到的，均全面地面对着来自自然的种种磨炼。人类将多种生活在不同气候中的生物放在同一个地方培育，极少用某种特殊的以及舒适的方法去锻炼那些被选择出来的生物的性状。人们用相同的食物饲养长喙鸽子还有短喙的鸽子，他们不用特殊的方式去训练长背的或长脚的四足兽，他们将长毛的还有短毛的绵羊放在同一种气候中饲养。他们禁止最强壮的那些雄体进行斗争去占有雌性。他们也不去严格地将所有劣质的动物都消灭掉，还会在力所能及的范围里，在各个不同的季节中，保护他的所有生物。他们常常是依据一些半畸形的类型进行选择，或者是依据一些能够引起他们注意的明显变异去进行选择，或者是这种变异明显地对自己有利，他们才会进行选择。在自然环境之下，构造上或者是体制上的一些非常细小的差异，就可以改变生物生存斗争中的微妙平衡。于是它就被保存下来。人类的愿望还有努力，在大多数时候，也就是瞬间的事情。然而人类的生命长度又是多么的短暂！所以说，如果与"自然"在所有地质时代的累积结果进行比较的话，那么人类得到的结果是多么贫乏啊。如此说来，"自然"的产物远比人类的产物更加具有"真实"的性状，更可以无限地去适应那些十分复杂的生活条件，同时还可以明显地表现出更为高级的技巧，照这样去看的话，还有什么能够让我们惊讶的呢?

我们能够作一个这样的比喻,自然选择在世界上时时刻刻都在仔细检查着生物那些最微细的变异,将坏的及时清理干净排除,将好的保存下来进行积累,不管是在什么时候,也不管是在哪些地方,只要有一点点机会,它就会悄悄地、非常缓慢地进行着工作,将各种生物与有机的还有无机的生活条件的关系进行一个改进。这样的变化缓慢地进行,一般我们都不能够看得出来,除非能够留下时间的痕迹供我们参考。不过,因为我们对过去悠久的地质时代知道的并不多,认识有限,所以我们能认识到的也仅有现在的生物类型与之前生物之间一些小小的不同之处罢了。

一个物种想要突破任何一种大量的变异,都必须在变种形成以后,再经历相当长的一段时间,再次发生相同性质的有利变异或者是个体之间的差别,不过,这些变异必须被再度保存下来,这样才能够一步一步地发展下去。因为相同种类的个体差异会不断地重复出现,所以这样的设想就不能被当成是没有根据的。不过,这样的设想是不是完全正确,我们也只能从它是否符合并且是否可以解释自然界的一般现象这些方面来进行判断。从另一个角度来说,普通类型的变异量是有严格限度的,这样的想法一样也属于一种不折不扣的设想。

尽管说自然选择只可以通过给各式各样的生物谋取自身的利益的方式去发挥自己的用处,但是,那些我们常常觉得并没有多重要的性状还有构造,也能够如此地发挥着一定的作用。当我们看到那些吃叶子的昆虫表现出绿色皮肤,而吃树皮的昆虫则显示了斑灰色的外表,高山的松鸡在冬季表现为白色,而红松鸡则表现为石南花色,我们不得不相信这些颜色是为了保护这些鸟与昆虫避免各种来自外界的危险。松鸡如果没有在一生的某一时期被杀害的话，那么一定会增殖到无法计数，不过，每个人都清楚，它们总会遭到食肉鸟的侵害，被大量地消灭掉；鹰的视力非常锐利，根据自己的目力去追捕猎物，所以欧洲大陆有很多地方的人们都不敢饲养白色的鸽子，因为它们很容易遭到鹰的迫害。于是，自然选择就表现出下面的效果，赋予各种松鸡以有利于自己生存的颜色，只要它们一旦获得了这种颜色，那么自然选择就会让这种颜色纯正地并且是永久性地保存下去。我们无须总是认为偶然消灭一只颜色特殊的动物，所造成的影响很小。每个人都应该牢记，在一个白色绵羊群里，消灭一只略见黑色的羔羊是多么严重的事情。而对于植物们，在植物学者眼中，植物果实的茸毛还有果肉的颜色被看成为很不重要的性状。但是，一位优秀的园艺学者唐宁说过，在美国，一种名为象鼻虫的生物对光皮果实的损害，远远多于对茸毛果实的损害，而有的疾病对紫色李的残害就远远高于对黄色李的残害，那些黄色果肉的桃比其他类型果肉颜色的桃更容易遭受一些疾病的侵害。如果借助人工选择的所有方法，这些微小的差异能够让很多的变种在栽培的时候产生非常大的差异。这样的话，在自然状况中，一种树必定要在同另一种树进行生存斗争的同时还与大量其他敌害进行斗争，在这样的处境之下，这种感受病害的差异就能够有力地决定哪一个变种，比如是果皮光的还是有毛的，果肉黄色的还是紫色的，能够在战斗中脱颖而出取得最后的胜利。在对物种间的很多微小的差异进行观察时（用我们有限的知识进行判断的话，这些差异看起来好像并不怎么重要），我们千万不要忘记气候还有食物等外在条件，毫无疑问地会对它们产生一些较为直接的效果。同时一定要记住，鉴于相关法则的作用，假如一部分发生了变异，而且这种变异还被通过自然选择而累积起来，那么其他的变异也将随之而出现，而且往往会有我们所难以意料得到的性质出现。

我们都清楚，在家养状态下，在生物的不管是哪个特殊期间出现的一些变异情况，在后代中总会在相同的时间再次出现，比如，蔬菜与农作物，很多变种的种子的形状、大小还有风味，家蚕在幼虫期以及蛹期的变异，鸡的蛋与雏鸡绒毛的颜色，绵羊与牛接近成年时生出的角，均是同一个道理。同样地，在自然状态中，自然选择也可以在随便一个时期对生物发生作用，然后让之发生改变，为什么可以这样呢？那是因为自然选择能够将这个时期的有利变异累积起来，同时，因为这些有利变异还能够在相应的时期中一直遗传下去。如果一种植物因为其种子被风吹送得很远而获得生存的利益，那么通过自然选择就会将这一特点保存并遗传下去。并且，这并不比棉农用选择法来增加棉桃或改进棉绒的困难大。自然选择可以让一种昆虫的幼虫发生变异以去适应成虫所遇不到的很多偶然的事故，这些变异，经过相关的作用，能够影响到成虫的构造，当然成虫期的变异也会反过来影响到新的幼虫的构造，不过，在所有的情况中，自然选择都会保证这些变异不是有害的，因为，如果是有害的话，那么这个物种早就灭亡了。

自然选择能够使得子体的构造依据亲体的变化而发生变异，也能使亲体的构造依据子体的状况而发生变异。在社会性的动物当中，自然选择可以让各个生物的构造去适应整体的利益。在群居的动物中，如果生物被选择出来的变异有利于整体，那么，自然选择就会为了整体的利益而去改变个体的构造。自然选择不能够去做的是改变一个生物的构造，却不给它任何的利益，但是成全了另一个物种的利益。虽然在一些博物学的著作中提到过这样的选择与改变，不过我目前为止还没找到一个值得研究的事例。自然选择能够让动物一生中只会使用一次的构造发生特别大的变异，比如，有的昆虫专门用于破茧的大颚还有那些没有孵化的雏鸟用来啄破蛋壳的坚硬喙端等都是。有人提出最好的短嘴翻飞鸽夭折于蛋壳中的，比可以破蛋孵出来的要多出很多。所以养鸽子的人们在孵化时都必须给予鸽子一些必要的帮助。那么，假如说，"自然"为了鸽子自身的利益，让那些成年的鸽子生有极短的嘴，那么这种变异过程基本上是非常缓慢的，而蛋内的雏鸽也要经过严格的选择，被选择的一定会是那些具有最坚强鸽喙的雏鸽，导致这些的根源在于，所有具有弱喙的雏鸽，无法避免地会面临死亡的命运，或者说，蛋壳较脆弱并且易碎的，也有被选择出来的可能，因为我们都清楚，蛋壳的厚度与其他各种构造一样，也是可以发生变异的。

此外，我们还要说明一点，这也许会有好处的：所有的生物肯定都会偶然地遭遇大量的毁灭，不过这对于自然选择的过程造成的影响是比较小的，甚至根本就不会有什么影响。比如，年年都有不计其数的蛋或者是种子被吃掉，除非它们发生了某种变异，可以避免敌人的吞食，它们才可以通过自然选择而进行有利的改变。但是，很多这些蛋或种子如果不被吃掉，一旦发展成为个体，也许它们会比其他所有有幸生存下来的个体，对于生活环境的适应更强一些。还有，大部分成长的动物或者是植物，不管它们是否能够很快地适应它们的生存环境，每年也都逃不脱因为偶然的原因而导致的各种毁灭性打击。就算是它们的构造还有体制发生了一些变化，不过在其他一些方面有利于物种，但是这种

偶然的死亡也得不到缓解，依然无法逃避。不过，就算是成长的生物被毁灭得那么多，假如在各区域中可以生存的个体数没有因为这些偶然的缘由而被全部淘汰，或者说就算蛋还是种子被毁灭的数量无法算计得多，只剩百分之一或千分之一可以发育，那么，在可以生存的那些生物中，适应能力最强的个体，假如朝着任何一个有利的方向出现了变异的状况，那么，它们就比适应能力较差的那些个体生存能力强，生存机会多，可以繁殖出更多的后代。如果所有的个体都因为前面所说的原因而遭到了淘汰，就像我们经常能够见到的那样，那么自然选择对某些对生物有利的变异选择也就"爱莫能助"了。不过，我们不能因为这样就反对自然选择在其他时期以及其他方面的积极作用和影响。因为我们确实找不到任何理由能够假定很多物种以前曾在同个时期还有同个地区中出现过变异，然后得到了积极的改进。

性选择

在家养状况下，有些物种的特性往往只能够看到一种，并且也只有这一种特性会遗传下去。在自然环境状况之下，不用怀疑也是同样的情形。那么，就像我们经常看到的，也许会让雌雄两性按照不一样的生活习性通过自然选择来出现变异的情况。这让我感到，必须给大家解释一下关于"性选择"这个问题。我们所说的这类选择的形式，并不是指一种生物对于其他生物或者是外界条件所进行的生存斗争，所指的是同性个体间的斗争，一般情况下都是雄性为了占有雌性而出现的各种斗争。这种斗争的结果，并非在斗争中失败的一方就会消失或者死去，只不过，它们留下的后代会比较少，也有一些失败者会没有后代可留。所以说，性选择其实没有自然选择那么剧烈而决绝。一般情形之下，最强壮的雄性，在自然界中的地位最是稳固，它们所能留下的后代数量也是最多的。不过，很多情况中，斗争的胜利也不是完全依靠普通的体格强壮，更多的还要靠雄性所生的特种武器。没有角的雄鹿或无距（雄鸡鸡爪后面像脚趾一样的突出部分）的公鸡，基本上不会有太多的机会去留下数目繁多的后代。因为性选择能够让获胜的一方进行大量繁殖，所以，与残忍的斗鸡人士挑选善战的公鸡相同的道理，性选择能够给予公鸡不屈不挠的勇气，增加公鸡距的长度，增强它们的体制，增加公鸡在进行斗争时拍击翅膀的能力，来加强公鸡的攻击力量。我不清楚在自然界中有哪一个等级才会没有性选择，不过，有人描述过，当雄性鳄鱼准备占有雌性鳄鱼的时候，它们会战斗、吼叫、旋绕转身行走，就如同印第安人跳战争舞蹈那样；有人发现雄性鲑鱼每天都在进行战斗；雄性锹形甲虫经常全身是伤，那是其他雄虫用巨型大颚咬伤的。举世无双的观察者法布尔常常看到有的膜翅类的雄虫会为了一只雌虫而专门进行斗争，而雌虫一般都会停留在战场的一边，貌似与自己无关似的淡然地看着，等到最后，同战胜的一方一起离开。应该说，多妻动物的雄性之间的战争是所有战争中最为剧烈的，此类雄性动物一般都生有特种武器。雄性食肉动物原本就已具备了优秀的战斗武器，但是，性选择还能够让它们同别的动物一样，通过选择的途径再生出其他特别的防御武器来。比如，雄狮的鬃毛还有雄性鲑鱼的钩形上颚等都是这个道理。因为，盾牌在获得胜利方面所发挥的作用，就如同剑与矛一样重要。

在鸟类的世界中，这样斗争的性质往往比较平和一些。所有对这个问题进行过研究的人都相信，在很多类型的鸟中，雄性之间最激烈的斗争是用歌唱来对雌鸟进行吸引，圭亚那的岩鹩、极乐鸟还有其他的一些鸟类，聚集在一个地方，雄鸟一只只将自己美丽的羽毛费尽心思地展开，同时用最好的风度去展示自己的美丽，此外，雄鸟们还会在雌鸟面前摆出各种奇形怪状的姿势，雌鸟则作为观察者站在一边，最后，雌鸟们会选择对自己最具有吸引力的那只雄鸟做配偶。经常认真观察笼中鸟的人们都十分清楚地知道，不管雄性还是雌性，每只鸟对于异性的吸引力和选择标准都是不同的。就好像赫伦爵士曾经讲过的那个事例一样，一只雄性斑纹孔雀是如何成功地吸引了别的所有的雌性孔雀。我现在无法在这里详细论述那些需要注意的细节之处，不过如果人类可以在较短的时间里根据自己的审美标准让他们的矮鸡拥有美丽以及优雅的姿态，我是真的找不出充分的理由去怀疑雌鸟根据自己的审美标准，会在千千万万的世代里，选择鸣声最动听的或姿态和样子最美丽的雄鸟，这样就会产生明显的效果。对于雄鸟与雌鸟的羽毛为什么和雏鸟的羽毛不相同的一些有名的论断，可以拿性选择对于不同时期中发生的而且会在一定的时期中一直单独遗传给雄性或者是同时遗传给雌雄两性的现象做出一定的解释，这里，我就不再进行详细的讨论了。

如此一来，可以说，几乎所有动物的雌雄二者，如果它们的生活习性都相同，但是在构造还有颜色以及装饰方面有一定的区别，那么，我所认为的是，这些不同的方面，主要是因为性选择的不同而造成的。这就是为什么有的雄性个体所拥有的武器以及防御手段抑或是在美观方面会比其他的雄性占有一些优势的原因，并且，这些优越性状还会在接下来的很多个世世代代中仅仅遗传给雄性的后代。但是，我不想将所有性别之间的差异都归因于性选择的作用。主要是由于，我们在家养动物中，有些雄性特有的特征并不能够通过人工选择而进行扩大化。野生的雄火鸡胸前的毛丛基本上没有什么用处，但是，这些毛丛在雌性火鸡的眼中，是不是算是一种漂亮的装饰，这对于我们来说，算是一种疑问。实话说，如果在家养状况中火鸡身上出现了这样的毛丛，一定会被认为是出现了畸形现象。

自然选择带来的灭绝

自然选择的作用全在于保存在某些方面有利的变异，随之引起它们的存续。由于一切生物都按照几何比率高速地增加，所以每一地区都已充满了生物；于是，有利的类型在数目上增加了，所以使得较不利的类型常常在数目上减少而变得稀少了。地质学告诉我们，稀少就是绝灭的预告。我们知道只剩下少数个体的任何类型，遇到季候性质的大变动，或者其敌害数目的暂时增多，就很有可能完全绝灭。我们可以进一步地说，新类型既产生出来了，除非我们承认具有物种性质的类型可以无限增加，那么许多老类型势必绝灭。地质学明白告诉我们说，具有物种性质的类型的数目并没有无限增加过；我现在是想说明，为什么全世界的物种数目没有无限增加。

新物种在时间的推移中通过自然选择形成了，其他物种就会越来越稀少，而终至绝灭。那些同正在进行变异和改进中的类型斗争最激烈的，当然牺牲最大。密切近似的类型，即同种的一些

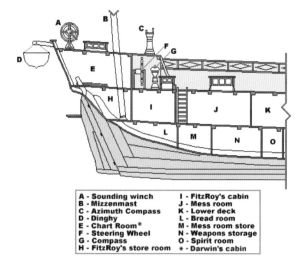

A - Sounding winch
B - Mizzenmast
C - Azimuth Compass
D - Dinghy
E - Chart Room*
F - Steering Wheel
G - Compass
H - FitzRoy's store room
I - FitzRoy's cabin
J - Mess room
K - Lower deck
L - Bread room
M - Mess room store
N - Weapons storage
O - Spirit room
∗ - Darwin's cabin

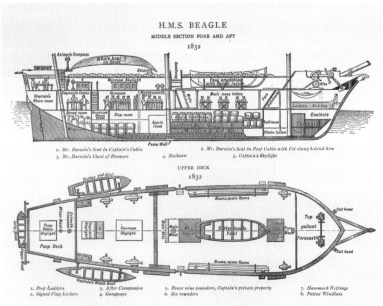

● 贝格尔号中间部分和上层甲板平面图

物种起源精译 WUZHONG QIYUAN JINGYI

变种，以及同属或近属的一些物种，由于具有近乎相同的构造、体制、习性，一般彼此进行斗争也最剧烈；结果，每一新变种或新种在形成的过程中，一般对于和它最接近的那些近亲的压迫也最强烈，并且还有消灭它们的倾向。我们在家养生物里，通过人类对于改良类型的选择，也可看到同样的消灭过程。我们可以举出许多奇异的例子，表明牛、绵羊以及其他动物的新品种，花卉的变种，是何等迅速地代替了那些古老的和低劣的种类。在约克郡，我们从历史中可以知道，"古代的黑牛被长角牛所代替，长角牛又被短角牛所扫除，好像被某种残酷的瘟疫所扫除一样"（我引用一位农业作者的话）。

性状趋异

我拿这个术语所解说的原理是非常重要的，我认为能够用它来解释很多个重要的事实。首先，各个变种就算是特征非常明显的那些变种，尽管或多或少地带有物种的性质，比如在很多场合中，对于它们该怎样进行分类，总是难解的疑问。当然，这些生物彼此之间的差别，与那些明确而纯粹的物种比起来，差异还是很小的。根据我的观点，变种就是形成过程中的物种，以前我喜欢称之为初期物种。变种中那些比较小的差异如何扩大成物种之间较大的差异呢？这个过程时时发生，我们能够从下列事实中推断出这个说法：在自然界中，大量的物种都表现出很明显的差异，但是变种，这种将来的明显物种的假想原型以及亲体，只是呈现出非常细小的甚至是非常不明显的差异。如果只是偶然（我们能够如此称呼它）导致一个变种在一些性状方面会与亲体存在着一定的差异，之后该类变种的后代在同一性状方面又会同它的亲体之间出现更大程度上的差别。不过光凭这一点，绝对不足以说明同属异种间存在着的那些差异为什么会这么常见，并且还十分巨大。

根据一直以来的做法，我去家养动物还有植物中去探索对这个事情的说明。在那里我们可以看到类似的情况。不能不认可，如此差异非常大的品种，比如短角牛与黑尔福德牛，赛跑马与拉车马，还有很多鸽子的品种等，绝对不是在很多个连续的世代中，仅仅从相似变异的偶然中累积后产生的。在实践中，有一些养鸽者十分喜欢短喙的鸽子，而有的养鸽者则偏好于长喙的鸽子。有一个被大家所公认的现象，那就是：养鸽者们都喜欢比较极端的鸽子类型，很少会有人去喜欢那些中间的类型。于是养鸽者们就会继续去选择和养育那些喙越来越长的或者是越来越短的鸽子（事实上翻飞鸽的亚品种就是通过这样的方式而出现的）。此外，我们还可以假想一下，在历史的初期，一个国家或一个地区的人们需要跑起来飞快的马，但是在其他地方的人可能需要比较笨重的那种高头大马。也许一开始的差异是非常细小的，不过，随着时间的流逝，这个地区不断地选择快捷的马，另一个地方不断地选择强壮的马，于是慢慢地，差异就会越来越大，就会形成完全不同的两种亚品种。最终，在经过很多个世纪以后，这些亚品种就成为界限分明，十分稳定的两种品种了。当二者之间的差异继续变大，那些属于中间性状的劣等马，也就是那些跑起来不快捷长得也不怎么强壮的马，就不会被用来育种，也就会慢慢地走向灭亡。那么，我们从人类的人工选择产物里看到了人们所说的分歧原理的作用，这种作用让最开始难以察觉的差别逐渐地扩大，时间一久，品种与品种之间还有与自己的共同亲体之间，在性状方面就有一定的分歧了。

不过有人估计会问，如何才可以将类似的原理应用于自然界中呢？我相信可以应用并且还可以应用得非常有效果（尽管我很久之后才知道该如何应用）。简单地说，不管是哪一种物种的后代，越是在构造、体制、习性上有分歧，那么它在自然组成中就越可以占有各种不同的位置，同时，它们在数量上也就越会得到大量的增加。在习性简单的动物当中，我们能够十分明白地看到这样的情形。我们以食肉的四足兽为例，它们在所有可以维持自己生活的环境中，早已到饱和的平均数。假如准许它们的数量自然增加的话（它们生活环境中的条件没有出现变化的前提下），它们必须依靠变异的后代去争取别的动物当前所生活着的地方，这样才可以顺利地增加自己的数量。比如，它们中间有的会变成可以吃新种类的猎物，不管是死的还是活的，有的则变异得可以住在新的地方了，爬树、涉水，同时，有些也许还能够减少自己的肉食习性。食肉动物的后代，如果在习性还有构造方面变得越来越有分歧，那么它们能够占据的地方就会越来越多。可以应用于一种动物的原理，也可以应用于所有时间里的所有动物，前提是说，如果它们都出现了变异的话。假如变异不曾发生过，那么自然选择就不会发挥任何作用。关于植物，也是同样的道理。

构造庞大的可异性，能够让生物们最大限度地获得生存的空间，这个道理的可信性，已经可以在很多的自然环境中看到。在一片很小的地区中，尤其是在对外开放，自由出入的情况之下，个体同个体之间的斗争毫无疑问将会是十分剧烈的，在那样的地方，我们总是能够看到生物间存在着的巨大分歧性。比如，我见

到过有一块草地，它的面积为三英尺乘四英尺，多少年来一直都
暴露在完全相同的条件之中，在这块草地上生长着 20 个物种的
植物，分别属于 18 个属以及 8 个目，由此就能看出这些植物彼
此之间的差异是多么巨大。在情况相同的小岛上，植物还有昆
虫们也是相同的情况，而在淡水池塘中的境况也是一样的。农
民们都发现了一个现象，在一块土地上轮种不同科目的作物收获
的成果是最多的，自然界中在进行的，能够称为同时的轮种。不
管是在什么样的地方，密集地生活在这里的动物还有植物们，大
部分，可以在这里生活（假设这块土地上没有任何其他特殊的性
质），应该说，它们全部都在竭尽全力地在那里生活。不过，我
们能够看到，在斗争最为激烈的地方，由于构造分歧性所带来的
利益，还有与其相伴随着的习性以及体制方面的差异所带来的利
益，遵照通常的规律，必然导致了彼此之间争夺得最厉害的生
物，正是那些常被我们称为异属以及异"目"的生物。

相同的道理，从植物经过人类的作用后能够在异地归化这
方面也能看出来。有的人估计会这么设想，在随便一块土地上都
可以变为归化的植物，应该是与当地的植物具有近缘关系。因
为，在一般的情形之下，人们觉得生活于当地的植物，都是专门
为了这个地方而创造出来的，而那些可以归化的植物，一定是属
于那些特别能够适应迁入一些地点的，极为少数的几种植物。不
过，真实的情况却不是这个样子的。德康多尔在他那本值得称颂
的伟大著作中，曾明白地说过，和本地植物属和种的比率相比的
话，经过归化而增加的植物中属的数目，远远比种的数目要多出
很多。我们可以从一些事例中来了解一下，在阿萨·格雷博士的
《美国北部植物志》一书的最后一版中，曾列举了 260 种归化的

● 恩斯特·海克尔（1834-1919），德国生物学家，他将达尔文的进化论引入德国，并在此基础上继续完善了人类的进化论理论。

植物，它们属于 162 个属。因此我们能够看出这些归化的植物的趋异性是特别大的。此外，这些归化植物与当地的植物存在着很大的不同，这是由于，在 162 个归化的属中，来自别处的不少于 100 个属。那么也就是说，如今生存于美国的植物中属的比率是得到了极大增加的。

仔细观察一下那些不论在什么地方都能够与土著生物进行斗争，并且能够获得胜利，同时还在那个地方归化了的植物或者是动物的本性的话，我们基本上就能够认识到，有的土著生物必须经历过什么样的变异才可以战胜那些与它们同住的其他生物。至少我们能够推断出，可以弥补和外来属之间差异的构造分异，对于这些生物是十分有利的。

实际上，相同地方生物的构造分歧所产生的利益，就像一个整体中各个个体器官的生理分工所获得的利益是同一个道理。米尔恩·爱德华兹以前就详细地讨论过这个问题。任何一个生理学家都不会去怀疑那些专门用来消化植物性物质的胃，还有专门消化肉类的胃，可以从这些物质中汲取到大量的养料。所以不管在什么样的土地上，一般的生物系统里，动物与植物对于不同生活习性的分歧越广阔和越完善，那么可以生活在那里的个体数量就能够越来越多。一般情况下，体制分歧小的动物是很难与那些构造分歧大的动物进行生存斗争的。比如，澳大利亚各种有袋动物能够划分为很多个群，只是彼此之间的差异不是很大，就像沃特豪斯先生还有其他人所指出的那样，就算这几种有袋的动物勉强能够代表食肉类、反刍类以及啮齿类的哺乳动物，也很难让人相信它们可以成功地与那些发育良好的各目动物进行竞争并获得成功。在澳大利亚的哺乳动物当中，我们见过的分歧的进程依然处于早期的以及不完全的发展阶段里。

自然选择经性状趋异及灭绝发生作用

依据前面那些简单的探讨，我们能够做一个假定，不管是哪个物种的后代，在构造方面越有分歧，就越有成功的机会，而且越能够侵入其他生物所生存的地方。接下来让我们来看一看，这种从性状分歧得到益处的原理，与自然选择的原理还有绝灭的原理，是如何在结合起来后发挥其作用的。

我们下面所附的图表，可以帮助我们进一步去理解这个比较复杂的问题。从 A 到 L，代表这个地方的一个大属的各个物种。假设它们之间的相似程度就像自然界中通常的情况一样并不相等，也像图表里用不同距离的字母所表示的一样。我这里要讲的是大属，因为我们在前面的章节中曾说过，在大属中比在小属中平均有更多的物种数目在发生变异。而且，大属中发生变异的物种中，变种的数目更多一些。我们还能够看到，那些最为普通的还有分布最为广泛的生物种类，比那些罕见的以及分布比较少的生物种类变异情况更多一些。假设 A 是一种普通并且分布广，而且是变异的物种，同时，这个物种正好是本地的一个大属，从 A 发出的长短不一的、像树枝一样散开的那些虚线代表了它变异的后代。假设这些变异都是非常细小的，可是它们的性质却又充满了分歧。假设它们不会同时发生，而是经常间隔很长的一段时间后才会发生，同时假设它们在发生以后可以留下来的时间长短也各不相同。唯有那些具有一定利益的变异才有可能被保存下来，或是自然地被选择保留下来。那么，性状分异可以得到利益的这一原理的重要性也就跃然纸上了。因为，按正常情况来说，这就会导致最差异的要不就是最分歧的变异（位于外侧的虚线就是）得到自然选择的保存以及累积。如果一条虚线遇到了一条横线，就在那里用一个小数字做出标记，那是假设变异的数目已得到充分的积累，进而形成了一个非常明显的，而且在分类工作方面被看作是具有记载价值的变种。

在图中，横线与横线之间的距离，代表了一千代甚至是超过一千以上的世代。假定一千代之后，物种（A）出现了两个非常明显的变种，名为a1还有m1，这两个变种所处的环境通常情况下还与它们的亲代出现变异时所处的环境是一样的，并且变异性自身是能够遗传的。于是，到最后它们就一样地拥有了变异的倾向，而且基本上差不多都会像它们的亲代那样出现变异的情况。而且，这两个变种不过是稍微有一点点变化的，变异了的类型，因此比较偏向于遗传亲代（A）的优点，这些优点让它们的亲代在数目上比本地的生物还要壮大。它们还会继承自己的亲代以及亲代所隶属的那一属中的其他优点。也正是这些优点，让这个属在它自己的地区里发展成了一个大属。完全不必去怀疑，所有的这些条件对于新变种的生成与稳定都是十分有益的。

这样的情况下，如果这两个变种依然可以继续变异，那么它们变异的最大分歧在之后的一千代里，正常情况下都会被保存下来。在经过这么长的时间以后，假设这个图表中的变种a1产生了变种a2，按照分歧的原理，a2与（A）之间的差别应该比a1和（A）之间的差别多一些。假设m1产生了两个变种，也就是m2以及s2，二者之间不相同，而且与它们的共同亲代（A）之间的差别也更大。我们能够用相同的步骤将这个过程延长到更为

物种起源精译 WUZHONG QIYUAN JINGYI

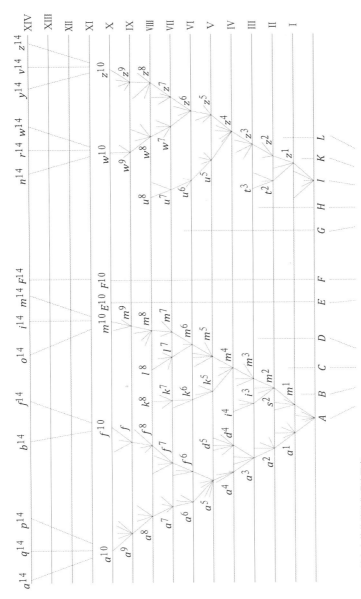

● 达尔文的物种进化理论图表

久远的任何一个时期中。有一些变种，每经过一千代以后才产生一个变种，不过，在变异越来越大的条件之中，有的能够产生两个甚至是三个变种，但是也有的不会产生变种。所以说变种也就是共同亲代（A）的变异了的后代，通常都会继续增加它们的数量，同时继续在性状上出现分歧，在附图里，这个过程表示一直到一万代才终止，在压缩还有简单化的形式下，能到一万四千代才终止。

不过我在这里不得不说明一下：我并没有假设这个过程能够像图表中那样有规则地去进行（尽管图表自身已或多或少有点不太规则），这个过程的进行并不是很规则，并且也不是连续性的，更有可能的是，每种类型在很长的一个时期里保持不变，之后才又出现变异。我也没去假设，变异现象最明显的变种一定会被保存下来。一个中间类型或许可以长时间地存续下去，也许可能、也许不可能出现一个以上变异了的后代。原因在于自然选择一般都是依照没有被别的生物占据的或没有被完全占据的地位的性质去发生作用的。而所有的过程又是按照无限复杂的关系来决定的。不过，依据一般的规律，不管是哪种物种的后代，在构造上越有分歧，就越可以占据更多的地方，同时，它们那些变异了的后代数目也就越会增加。在我们的图表中，系统线在有规则的间隔里出现了中断现象，在那个地方标上小写数字，小写数字代表着连续的类型，这些类型已完全变得不一样，完全能够被列为变种。只不过这样的中断是想象的，能够插入任何地方，只要间隔的长度准许植物分歧的变异量进行一定程度上的积累，就可以如此。

因为从一个常见的、大范围分布着的、属于一个大属的物

物种起源精译 WUZHONG QIYUAN JINGYI

种产生出来的所有变异了的后代，一般情况下都会一起承继那些能够保证亲代在生活中获得成功的长处，因此，通常情况下它们不仅可以增加数量，还可以在性状上进行分歧。我们的图表中从（A）分出的数条虚线很好地表现出了这一点。从（A）产生的出现了变异的那些后代，还有系统线上更为高度进化的分支，常常能够占据较早的还有改进比较少一些的分支的位置，进而将它们毁灭。在图表里用几条比较低的，没能够达到上面横线的分支进行了表示。在有的情况当中，毫无疑问的，变异的过程仅限于一枝系统线的范围之中，这样的话，尽管分歧变异在量上扩大了，不过变异了的后代在数目方面却没有得到增加。如果将图表里从（A）出发的各线都去掉，只留下 a1 到 a10 的那一支，就能够表示出这种情形了。英国的赛跑马还有英国的向导狗情况就类似于此，这些生物的性状很明显地从原种缓慢地出现分歧，不但没有分出任何新枝，同时也没有分出任何的新族。

在过了一万代以后，假设（A）种产生了 a10、f10 还有 m10 三个类型，因为它们经过了很多年代里性状的分歧，彼此之间还有同共同祖代之间的区别就会变得很大，不过也许本来就不相同。假如我们假设图表里两条横线之间的变化量非常细小，如此，这三种类型或许还只是十分显著的变种；不过如果我们假定这样的变化过程在步骤上比较多或者是在数目方面比较大，就能够将这三种类型变成可疑的物种，或者说至少变成明确的物种。于是，我们的这个图表就表明了从区别变种的较小差异，上升到区别物种的较大差异的每个步骤。将相同的过程延续更多的世代（像图中被压缩以及简化了的图显示的那样），于是我们将能够得到八个物种，可以拿小写字母 a14 至 m14 来进行表示，所有得到的物种都是由（A）传衍而来的。所以说，正像我所说的那样，物种渐渐增加了，那么属慢慢地也就形成了。

在大属中，出现变异现象的物种基本上都在一个以上。在图表中，我假设第二个物种（I）用类似的步骤，在过了一万世代之后，产生出两个显著的变种或者是两个物种（w10 还有 z10），它们到底是属于变种还是物种，要依据横线间所表示的假定变化量去进行判断。在等到过了一万四千世代之后，假设产生了六个新物种 n14 到 z14。不管是在哪一个属中，彼此之间性状已经基本上不再相同的物种，通常都会产生出最大数量的变异了的后代。这是由于它们在自然组成里占据了最好的机会去拥有新的以及广泛不同的地方。所以在图表当中，我选取了一些极端物种（A）和接近极端的物种（I），作为变异最大的还有已经产生了新变种和新物种的物种。其他原属中的九个物种（图中大写字母所表示的），在相当长的但不相等的时期中，也许会继续传下不会发生变化的后代。这个现象在图中是拿向上的不等长的虚线进行表示的。

不过在变异的过程中，就像图表中为我们表示出来的那样，还有一个原理，就是绝灭的原理，也有着非常重要的作用。由于在每一个生活着大量生物的地方，自然选择的作用就一定会去选取那些在生存斗争中比别的类型更为有利的种类。不管是哪类物种的改进了的后代，都会出现一种常见的倾向，那就是在系统的每一个阶段里将它们的开路者还有它们原来的祖先一步一步地慢慢赶出现在的圈子，甚至是逐步地将之消灭干净。我们不得不记住，在习性、体制以及构造方面互相之间最相似的那些类型之中，生存斗争通常都是最激烈的。所以，那些位于较早的还有较晚的状态之间的中间类型（也就是位于同种中，改进比较少的以及改良较多的状态之间的那些中间的类型）还有原始亲种本身，一般情况下都容易被绝灭。在整个系统线中，有很多完整的旁枝就是这样绝灭的，后来的以及改进了的枝系在这场生存斗争中战胜了他们。但是，假如一个物种它那变异了的后代进入某个不同的地区，或者说在短时间内适应了一个完全新的生存环境，在那个地方，后代同祖代之间基本上不存在斗争，于是二者就都能够继续生存下去。

假如说，书中的这幅图表所表示的变异量非常大，那么物种（A）包括其他一切比较早的变种，就都难逃被灭亡的命运，进而被八种新的物种 a14 到 m14 所替代。同时，物种（I）也会被六个新物种（n14 到 z14）所替代。

我们还能够继续做进一步的论述。假设这个属中的那些原种，彼此之间相似的程度并不相同，自然界里的情形向来如此；物种（A）与 B、C 及 D 的关系，比同其他物种的关系较近；物种（I）还有 G、H、K、L 之间的关系，比与其他物种的关系较近，再假如（A）与（I）都是非常普通并且分布范围非常大的物种，因此它们原本就比同属中的大部分其他物种占有一定的优势。它们那些变异了的后代，在经历了一万四千代之后共留下了十四个物种，这些物种遗传了一部分原种身上的共同的优点：它们在系统的每一阶段里还会用各种各样各不相同的方式去进行变异和改进，于是就在它们居住的地区的自然组成中，慢慢地适应了很多与它们有关的地位。所以，它们非常有可能，不仅会取得亲种（A）与（I）的地位，同时还有可能会将它们消灭掉，不仅如此，还有可能会消灭某些与亲种最接近的原种。所以说，能够一直传到第一万四千代的原种，实际上是非常非常稀少的。我们能够假定，与别的九个原种关系最为远的两个物种（E 与 F）中只有一个物种（F），能够将它们的后代一直传到这一系统的最后阶段。

在所列的图表中，由 11 个原种生物一直传，到最后传下来的新物种数目成为 15。因为自然选择造成分歧的倾向，a14 和 z14 之间在性状方面的极端差异量远远超出了 11 个原种之间的最大差异量。此外，新种间亲缘关系的远近也大不相同。由（A）传下来的 8 个后代里，a14、q14、p14 三位，因为都是新近从 a10 分出来的，所以亲缘关系还是很相近的；而 b14 与 f14 则是在较早的时期由 a5 分出来的，所以同前面讲到的三个物种在一些程度上有一定的差别。一直传到最后，o14、i14、m14 之间，在亲缘上是相近的，不过，由于在变异过程的开始时期就出现了分歧，所以与之前的 5 个物种有着很大的差别，它们能够成为一个亚属或者成为一个明确的属。

由（I）传下来的 6 个后代会成为两个亚属或两个属。不过，由于原种（I）和（A）本身就非常不相同，（I）在原属中差不多站在一个极端，于是从（I）分出来的 6 个后代，仅仅是因为遗传的缘故，就同由（A）分出来的 8 个后代截然相同；此外，我们假设这样的两组生物是朝着不同的方向继续进行分歧的，并且连接在原种（A）与（I）之间的中间种（这个论点非常的重要），除了（F），也全部都绝灭了，而且也没有留下什么后代。那么，由（I）传下来的 6 个新种，还有由（A）传下来的 8 个新种，就一定会被列为完全不相同的属，甚至有可能会被列为不同的亚科。

因此，我认为，两个或两个以上的属，是通过变异传衍，由同一属中两个或两个以上的物种而来的。而这两个或者是两个以上的亲种，还能够假定为由早期的一属中的某一物种身上一直传下来的。在前面的图表中，是拿大写字母下面的虚线作为代表的，它的分支朝下收敛，趋集于一点；这一点就表示一个物种，这便是几个新亚属或几个属的假设祖先。新物种F14的性状值得我们注意一下，它的性状假定没有出现大分歧，依然保持着（F）的体型，基本上没有太大的改变或者只是稍微有一点点变化。当遇到这种类型的情况时，它与其他14个新种的亲缘关系，就具有了奇特并且疏远的性质。由于它是从现在假定已经灭亡并且不为人所知的（A）还有（I）两个亲种之间的类型传下来的，所以说它的性状基本上在一定的程度上介于这两个物种所传下来的两群后代的中间。只不过这两群物种的性状已经与它们的亲种类型有了一定的分歧，所以新物种（F14）并没有说会直接介于亲种之间，反而是介于了两群的亲种类型之间。基本上每一个博物学者都会到这样的情形。

在这幅图表中，假设每条横线都代表一千代，当然它们也可以代表一百万代或者是更多的代：它还能够代表包含有绝灭生物遗骸的，地壳中连续地层的一部分。我们在后面的章节中，还一定会讨论到这个问题，而且，我认为，到那时我们将会发现我们现在看的这幅图表对绝灭生物的亲缘关系是有多么大的启示。虽然说这些生物常与如今生存的生物属于同目、同科或者是同属，不过通常在性状上或多或少的介于现今生存的各群生物之间。对于这样的事实我们是可以理解的，由于绝灭的物种分别生存在各个不同的远古时期，那些个时期系统线上的分支线还只是表现出较小的分歧。

我认为没有理由将现在所解说的变异过程，仅局限于属的形成。在图表里，如果我们假设分歧虚线上的各个连续的群所代表

的变异量是非常之大的，那么标着 a14 到 p14、b14 与 f14、还有 o14 到 m14 的类型，就会形成三个非常不相同的属。我们还能够收到由（I）传下来的两个非常相同的属，它们与（A）的后代完全不一样。该属的两个群，依据图表所表示的分歧变异量，在最后成为两个不同的科或不同的目。这两个新科或者是新目是由原属的两个物种传下来的，并且又假定这两个物种是从某些更古老的以及不为人所知的类型中传下来的。

我们能够发现，在各个地方，一般最先出现变种也就是初期物种的，都是一些较大属的物种。这真的是能够被预料到的一种情况。由于自然选择是经过一种类型在生存斗争中相对于他类型来说所占有的优势来发挥作用的，自然选择主要作用于那些已经具有成熟优势的生物类型。而不管是哪种群体，只要它们成为大群，那么就说明它的物种从共同的祖先处遗传来一些共通的可以帮助它们生存的优点。所以就会出现新的、变异了的后代之间的各种生存斗争，主要出现在努力增加数目的所有的大群之中。一个大群会在斗争中慢慢地战胜另一个大群，让它的数量越来越少，于是就能够让它继续变异还有改进的机会越来越少。在同一个大群中，后起的以及那些更高度完善的亚群，因为在自然组成中分歧出来，而且还占有许多新的地位，所以时常会有排挤还有消灭较早的、改进较少的亚群的自然倾向。那些微小的以及衰弱的群还有亚群，最终只会走向灭亡。展望明天，我们能够进行一个预言：如今我们所看到的那些巨大的并且获得胜利的，还有最少被击破的也就是最少受到绝灭之祸的生物群，很有可能会在一段相当长的时期中继续增加。不过，哪几个群可以获得最后的胜利，却是没有人可以预言得出的。这是因为我们都知道，有很多的群以前曾经也是很发达的，不过现在却已遭到绝灭。放眼更远的未来，我们还能够进行一个预言：因为较大群继续不断地增加，不计其数的较小群慢慢地都会趋于绝灭，并且也无法留下自己变异了的后代。所以说，不论是生活在哪一个时期中的物种，可以将自己的后代传到遥远未来的，仅仅是极个别的存在。我会在后面的章节中继续对这个问题进行相关的讨论。不过我能够先在这里继续谈一谈，依据这样的观点，因为只有极少数较古远的物种可以将后代传到现在，并且因为同一物种的所有后代的形成同属一个纲，所以我们就可以理解，为什么在动物界以及植物界的每一主要大类当中，到了现在，存在的纲是那么少。尽管极古远的物种只有很少数留下变异了的后代，但那时，在过去遥远的地质时代当中，地球上也曾经分布着很多属、科、目还有纲的物种，它们的繁盛程度基本上就与今天一样。

第五章
变异的法则

环境变化的影响——>适应性变异——>相关变
异——>构造发育异常极易变异

环境变化的影响

我之前曾讲到，在家养环境中生物的变异是非常普遍并且多样的，而在自然环境中生物的变异程度则会差一些。我在说明这些变异现象时让人听起来觉得好像这些变异都是在偶然情况下发生的。很明显，这样的理解是非常不正确的。但是我们又不得不承认，对于那些各种各样奇怪的变异的原因，我们的确是毫无所知的。有一部分著作家的观点是，出现个体差异或者是构造方面的微小差异，就好比让孩子像他的双亲一样，是因为生殖系统的机能而造成的。不过，变异以及畸形在家养环境中比在自然环境里更为多见，而且分布广泛的物种的变异性，比分布范围较小的那些物种的变异性大，这么多的事实可以让我们得出一个结论，那就是变异性通常情况下是同生活条件有着密切联系的，并且每个物种已经在这种生活环境中生活很多个世代了。在第一章中，我就曾试图向大家说明，出现变化的外界条件依照两种方式在发挥其作用，也就是直接地作用于整个体制或只作用于体制中的一些部分，同时还间接地通过生殖系统发挥着作用。在所有情况下都包含着两种因素，一个是生物的本性，在二者之中这个是最为重要的，还有一个是外界环境的性质。发生了变化的外界条件的直接作用，引起了一定的或不确定的后果。在后面的一种情况中，体制看起来好像变成可塑性的了，而且我们看到非常大的彷徨变异性，在前面的一种情况中，生物的本性是这样的，假如处在一定的环境之中，那么它们很容易屈服，而且所有的个体或者说差不多所有的个体都会用相同的方式去出现变异情况。

　　想要确定外界环境的变化，像气候、食物等的变化，在一定情况下曾经发挥过多少作用，是非常困难的。我们不得不去相信，在时间的推移下，它们所发挥的作用远远超出了那些显而易见的事实所能够证明的部分。不过，我们能够很有把握地断言，处于自然环境之下，各种生物之间所表现出来的构造上的那些不计其数的复杂的相互适应性，绝对不可以只是简单地归因于外界环境的影响。在下面的一些例子里可以说明，外部的条件看起来好像是引起了一些微小的变化。福布斯认为，生活于南方浅水范围中的那些贝类，它们的色彩比生活在北方的或者是常年生活于深水中的同种贝类要鲜艳很多。不过也不一定全部都是这个样子。古尔德先生认为，相同种族的鸟，长期生活于明朗大气中的，它们的颜色就比常年生活于海边或岛上的鸟儿们要鲜艳很多。在沃拉斯顿看来，长期生活于海边的话，容易影响昆虫们的颜色。摩坤·丹顿以前曾列过一张植物表，那张表所列举出来的植物，生活于近海岸的那些植物，它们的叶子在一定程度上叶质比较肥厚，尽管在其他地方并不是这个样子的。那些出现小量变异的生物是十分有意思的，其中的原因在于，它们所表现出来的那些新的性状，同局限在相同外界环境中的同一物种所表现出来的性状是十分接近的。

不管是哪种生物，当一种变异在其身上出现极为细小的作用时，我们都无法准确地说明白这种变异到底有多少能够归功于自然选择的累积作用，又有多少可以归因于生活环境所发挥的作用。比如说，一般做皮货生意的商人都比较了解，同种动物所生活的地方越是靠北，那么它们的毛皮就越厚也越好。可是，谁又能说清楚这样的差异，有多少是因为毛皮最温暖的个体在世世代代的相传里获得了利益所以被保存了下来，又有多少是因为气候寒冷而导致的呢？因为气候看起来好像对于我们家养兽类的毛皮有着某种直接的作用。

在明显不相同的环境中生存的同一物种，可以产生类似的变种。而也有一些情况是，在明显相同生存环境里的同一物种，也有可能产生出了不相像的变种，我们能够列出很多这类型的事例。此外，也有的物种虽然生存于完全相反的气候之中，却依然可以保持纯粹，甚至能够完全不出现变化，大量这类型的事例对于每一个博物学者来说都是不陌生的。这样的观点，能够让我考虑到周围条件的直接作用，比起那些因为我们完全不知道的原因而引起的变异倾向来说并不是特别重要。

从某种意义上来说，生活环境不仅可以直接地或间接地引发变异，同时还能够将自然选择包括于其中。因为生活条件决定了每一个出现的变种是否可以生存下去。可是，当人类充当着选择的执行者这个角色时，我们就能够显著地发现，变化着的两种要素之间的区别是十分明显的。变异性以一定的方式被激发起来，不过这只是人的意志而已，它让变异朝着一定的方向累积了起来。后面的那个作用就像是自然环境中最适者生存的作用。

适应性变异

植物的习性具有遗传的性质，比如花开的时间、休眠的时间、种子发芽阶段所需的雨量等，所以我要稍微谈一谈气候的驯化。对于同属中不同物种的植物来说，生存于热带以及寒带本来就是非常常见的现象，假如同属中的所有物种的确是由单一的亲种传下来的，那么气候驯化在生物繁衍的长期过程中一定会轻易地发挥对生物的影响作用。几乎所有人都知道，每一种物种都可以去适应它的本土气候，但是，来自寒带甚至是来自温带的物种一般都无法在热带的那种气候中很好地生存，反之亦然。还有很多多汁植物无法忍受潮湿的气候。可是几乎所有物种对于其所生存于其中的气候的适应程度，经常被我们预估得太高。我们能够通过下面的事实来论证这个说法：我们常常无法预知一种引进植物是否可以忍受我们现在的，对于它们来说是新的气候，还有那些从不同地区引进的很多植物以及动物，是不是能够在这里完全健康地生存下去。大家能够去相信，物种在自然环境中，因为要同其他的生物进行竞争，所以在分布方面也受到了严格的限制，这样的影响与物种对于特殊气候的适应性非常相像，或者更多一些。不过，不论此种对气候的适应性在大部分的时候是不是极为密切，我们都能够找到证据去证明有一小部分植物在一定程度上进化得能够很自然地去习惯那些不同的气温了。也就是说，它们变得驯化了。胡克博士以前曾从喜马拉雅山上不同高度的位置采集回同种的松树还有杜鹃花属的种子，将它们栽培在英国之后，发现它们在新的环境中竟然拥有着不同的抗寒力。思韦茨先生曾经对我说过，他在锡兰见到过相同的事实。华生先生曾将欧洲种的植物从亚速尔群岛带回英国，也进行了类似的研究和观察。我还可以列出一些其他的例子来。而对于动物，也有很多真实的事例能够引证。由此我们可以看出，从地球上出现生命以来，物种一直都在最大限度地发展和壮大自己的分布范围，它们从较暖的纬度一直扩散到较冷的纬度，当然还有相反的扩展。可是我们无法确切地知道这些动物是不是严格地适应了它们本土的气候。尽管在通常情况下我们认为的确如此。我们也不确定它们后来是不是对自己的新环境变得十分驯化，比它们最开始的时候可以更好地去适应那些地方。

我们能够推断出，家养动物最开始是由还没有开化的人类选择出来的，由于它们对于人类来说有用，而且还由于它们在封闭状态下也容易进行生育，并不是因为后来发现这些生物可以输送到很远很远的地方，所以说，我们的家养动物拥有着共同的、非常的能力，不仅可以抵抗非常不同的气候，同时还完全可以在那样的气候中进行生育（这是异常严峻的考验），依据这个特点，就能够证实如今生活在自然环境中的动物大部分可以轻易地抵抗差异极大的气候。不过，我们一定不可以将这个论点推论得太远，其理由是，人类的家养动物也许起源于几个野生祖先，不能太绝对地说。比如，热带狼还有寒带狼的血统估计已经混合在了我们的家养品种当中。鼠类还有鼷鼠并不是我们的家养动

大多数热带雨林每年降雨量在
1500 到 4000 毫米之间，植物在这样
温暖潮湿的条件下可迅速生长。

物，不过，它们被人类带到了世界的很多地方，现在分布范围的广大，远远超出了别的任何啮齿动物。它们在北方生存在非罗的寒冷气候之中，在南方生存在福克兰，同时，有的还生存于热带的很多岛屿上。所以，对不管是什么样的特殊气候的适应性，都能够看成是动物天生就容易适应新环境新气候的能力。依据这样的论断，人类自己与他们的家养动物对于极端不同气候的承受能力，还有那些绝灭了的象以及犀牛，在以前曾可以承受冰河期的气候，但是它们的现存种能够很好地去适应热带以及亚热带的气候环境。这些情况都不可以被当成是异常的现象，而应该看成是非常普通的体制揉曲性在特殊环境条件中发挥作用的一些例子。

总的来说，我们能够得出这样的结论，那就是习性或者使用还有不使用，在一些情况之下，对于体制以及构造的变异是有着非常重要的作用的，不过这种效果通常情况下都与内在变异的自然选择相结合，在一些情况下内在变异的自然选择作用也有可能会支配这种效果。

相关变异

我们所说的相关变异就是指生物的整个身体构造在自己的生长与发育的过程中与变异紧密地结合在了一起，以至于当任何一部分出现一些细小的变异，进而被自然选择所累积时，别的部分也就会随着出现变异。这是一个非常重要的问题，我们对于它的了解还不够深入，并且那些完全不同种类的事实如果放在了这里，毫无疑问是容易被我们混淆的。不久以后我们就能够看到，单纯的遗传经常会显现出相关作用的假相。最显著的真实案例之

物种起源精译 WUZHONG QIYUAN JINGYI

一，就是那些幼龄动物或者是幼虫在构造方面所出现的变异，自然地倾向于去影响成年动物的构造。那些同源的、在胚胎初期就具有相等构造的尤其是那些必然处于相似外界条件下的身体的一些位置很明显地有依据相同的方式展开变异的倾向。我们能够发现动物们身体的右侧以及左侧，依照相同的方式在进行着变异；而前脚与后脚，甚至还有颚以及四肢，也都同时在进行着变异，有一些解剖学者们认为，下颚与四肢之间都是同源的。我没有怀疑，这些倾向会在一定的程度上完全受着自然选择的影响。比如仅仅是一侧长着角的一群雄鹿，以前也曾在这个世界上存在过，假如这一点对于这个品种曾经有过什么大一些的用处的话，那么自然选择估计就会让它成为永久的了。

有的著作家之前说过，同源的一些构造有结合的倾向。在畸形的植物当中我们经常可以看到这样的情形：花瓣结合成管状，这是最常见的正常构造当中同源部分结合的例子。生物体中那些坚硬的构造好像可以影响到相连接的柔软部分的形状。有的作者认为鸟类骨盆形状的分歧可以让它们的肾的形状出现明显的分歧。还有一些人则认为，对于人类来说，母亲的骨盆形状因为压力的原因，可能会影响到胎儿头部的形状。而对于蛇类来说的话，依据施来格尔提出的意见，生物自身身体的形状以及吞食的方式可以决定几种最重要的内脏的具体位置还有形状。

这种相关变异的性质，我们常常弄不清楚。小圣·提雷尔先生以前强调过，有的畸形往往可以共存，但是也有一些畸形是很少有共存现象的。我们实在找不到什么理由去说明这一点。对于猫来说，毛色纯白和蓝眼睛同耳聋有着一定的关系，而龟壳色的猫则和它自己是雌性有一定的关系。对于鸽子来说，脚上长着羽毛，同外趾间蹼皮有一定的关系，刚孵出的幼鸽身上绒毛的多少同将来羽毛的颜色有一定的关系。此外，土耳其裸犬的毛和牙之间有一定的关系。尽管同源毫无疑问地在这里发挥着作用，可是还有比这些关系更加怪异的吗？对于前面讲到的相关作用的最后一个例子，哺乳动物当中，表皮最奇异的两个目，也就是鲸目还有贫齿目（犰狳还有穿山甲等），一样是全部都拥有着最为奇怪的牙齿，我认为这基本上不可能是偶然的，不过，这个规律也有很多不符合规律的现象，就像米伐特先生曾经说过的，因此它的价值比较小一些。

按照我所知道的，想要说明与使用无关的，也与自然选择无关的相关以及变异法则的重要性，再没有什么事例能够比某些菊科以及伞形科植物的内花还有外花之间的差异更具有说服力了。如今大家都明白，比如雏菊的中央小花与射出花之间就存在着一定的差别，那些差别常常伴随着生殖器官而部分退化或全部退化。但是，有些这类植物的种子在形状以及刻纹方面也存在着差异。有时人们会将这些差异归因于总苞对于边花的压力，或者归因于它们互相之间的压力，我们能够发现有些菊科的边花的种子形状和这个观点非常吻合。不过在伞形科，就像胡克博士告诉我的那样，它们的内花与外花常常是差异最大的，并不是花序最密的那些物种。我们能够做一个设想，边花花瓣的发育是依靠从生殖器官吸收营养，于是就会造成生殖器官的发育不全。不过这并不一定就是唯一的原因，因为在一些菊科植物当中，花冠之间并没有什么不同之处，但是内外花的种子存在着差异。这些种子之间的差异有可能和养料不同地流向中心花以及外围花有一定的关系。最起码我们清楚，对于不整齐花来说，那些最接近花轴的花，最容易变成整齐花了，也就是说会变为异常的相称花。有关此类型的事实，我还要补充一个事例，也能够作为相关作用的一个明显的例子，那就是在很多天竺葵属的植物当中，花序的中央花的上方两瓣经常会失去浓色的斑点。假如出现这样的情形，其附着的蜜腺就会出现严重地退化，于是中心花就成为正花了，也就是我们所说的整齐花。假如上方的两瓣中只有一瓣失去了颜色，那么蜜腺就不会出现完全退化，只会出现大大缩短的情况。

物种的全部群所共有的而且的确是单纯由于遗传而获得的构造，曾被误认为是相关变异的作用所造成的。这是因为他们古代的祖先经过自然选择，基本上已经获得了一种或者几种构造方面的变异，并且在经过数千代之后，又得到另一种与前面所说的变异没有关系的变异。假如这两种变异遗传给了习性分歧的全体后代，那么当然能够让我们想到它们在某种方式上应该是相关的。另外，还有一些别的相关情况，很明显是因为自然选择的单独作用造成的。比如，德康多尔曾经提出，有翅的种子从来不会在不裂开的果实中看见。对于这样的规律，我能够做这样的解释：除非果实自己裂开，不然种子就不可能通过自然选择而慢慢变为有翅的。因为只有在果实开裂的情形中，那些适合被风吹扬的种子，才可以战胜那些不太适合广泛散布的种子，在生存上取得一定的优势。

构造发育异常极易变异

不管是哪种物种，它们的那些超乎寻常发达的部分，相较于近似物种里的同一部分来说，都有着容易出现高度变异的倾向。很多年以前，我曾被沃特豪斯的，关于上面标题的论点深深地打动过。欧文教授也似乎得出了相似的论断。想要让人相信上面主张的真实性，如果不将我搜集到的那一系列的事实列出来的话，估计是办不到的。可是，我又不可能在这里将它们一一列举介绍给大家。我只能说，我所坚信并讲与大家的，是一个非常常见、普通的规律。我考虑到也许会出现错误的几种原因，不过我希望我已对它们进行了推敲和修改了。我们不得不了解，这个规律是不可以应用于身体中的任何部分的，就算这是特别发达的部分也不可以。除非将它与很多密切近似物种的同一部分进行比较时，能够表现出它在一个物种或少数物种中是区别于别的物种，意外并且独特的发达时，才可以应用这个规律。比如，蝙蝠的翅膀，在哺乳动物纲中就能算得上是一种十分异常的构造，不过在这里却不可以应用这个规律，这么说是由于所有的蝙蝠都有翅膀。如果某一物种与同属的其他物种相比较，自己身上有着明显发达的翅膀的话，那么只有在这样的情况中才可以用这个规律进行解释。另外，次级性征不管是以何种异常的方式出现在我们面前，都可以尽情地去应用这个规律。亨特所用的次级性征（也称作副性征）这一名词，是指不管是雌性还是雄性的性状，都与生殖作用没有直接的关系。这个规律能够应用于雄性与雌性，不过，应用于雌性的时候其实是比较少一些的，这是因为雌性极少会出现明显的次级性征。这个规律能够非常显著地应用于次级性征，估计是因为这些性状不管是不是以异常的方式出现在生活中，都是具有极大的变异性的。我觉得，这样的事实很少会有人去怀疑。不过，这个规律并不仅仅是局限于次级性征中，在雌雄同体的蔓足类中也明显地出现了这样的情形。我在研究这一目的时候，尤其关注了一下沃德豪斯曾经说过的论点，所以我非常相信，这个规律基本上在通常情况下都是适用的。

当我们看到一个物种的任何部分或者是器官出现了明显的发育特征时，第一反应就是认为这种变异性的发育是对于这个物种有着非常重要的作用的。但是，就是在这样的情况之中，它是明显并且容易变异的。为什么会这个样子呢？按照各个物种是被独立创造出来的这一观点，也就是它的所有部分都如我们现在所看到的一样，那么我就真的找不出什么解释了。不过按照各个物种群都是从其他某些物种传下来而且经过了自然选择才发生了变异的这种观点来看的话，我觉得我们就可以得到一些证明了。先来让我说明几点。假如我们对于家养动物的任何部分或整体不加以注意的话，而不进行任何选择，那么这一部分（比如多径鸡的肉冠），也有可能是整个品种，就不会再有统一的性状。应该说这个品种就会退化了。在遗留的器官方面，在对特殊目的专业化很少的器官方面，还有差不多在多形的类群方面，我们能够看到差不多相同的情况。追根溯源可知道，在这些状况之下，自然选择未曾或者无法充分发挥出它的作用，所以体制就会处于彷徨的状态之下。不过这个地方尤其与我们有关系的是，在我们的家养动物里，那些因为连续的选择作用而如今正在迅速进行变化的构造也是有着明显变异的。让我们来看看鸽子的同一品种的一些个体吧，同时也注意一下翻飞鸽的嘴还有传书鸽的嘴以及肉垂还有扇尾鸽的姿态和尾羽等，看看它们之间存在着多么重大的差异量。这些就是当前英国养鸽者们主要关注的一些点。甚至，在同一个亚品种当中，如短面翻飞鸽这个亚品种，想要得到近乎完全标准的鸽子，这是非常困难的，大部分都同标准距离非常远。所以我们能够确定地说，有一种时常会出现的斗争在下面的这两方面之间进行着，其中一个方面是，回到较不完整的状态去的倾向，还有发生新变异的一种内在的倾向，另一个方面则是保持纯真品种的不断选择的力量。到最后获得胜利的依然是选择，所以说我们不用担心会遭到什么样的失败，然后就去优良的短面鸽品种中培育出和普通翻飞鸽一样粗劣的鸽子品种。在选择作用正在迅速发挥作用的情形下，正在发生着变异的部分拥有着十分庞大的变异性，这往往是能够预料到的。

那么，接下来让我们转到自然界中去。不管是哪一个物种的一个部分，假如比同属的其他物种异常发达，那么我们就能够断言，这个部分从那几个物种从该属的共同祖先分离出之后的时间以来，已经发生了十分重大的变化。这个时期一般极少会非常遥远，这是因为一个物种极少会延长到一个地质时代之上。我们所说的异常的变异量，指的是十分巨大的以及长期连续的变异性，这样的变异性是因为自然选择为了物种的利益而被继续累积下去的。不过异常发达的部分或者是器官的变异性，既然已经这么巨大并且还是在不是太久远的时期中长时间地连续进行，因此依据一般的规律，我们基本上还能够预料到，这些器官比在更为漫长的时期里几乎保持稳定的体制的其他部分具有更为强大的变异性。我认为事实确实就是如此。一个方面是自然选择，另一个方面是返祖以及变异的倾向，两者之间的生存竞争在度过一段时间后会暂时地停止下来。而且一般最是特别发达的器官，就最容易成为稳定的变异。我认为没有理由去怀疑这个现象和观点。

第六章
学说的难点

过渡变种的缺少——>具有特殊习性与构造生物
的起源与过渡——>极完备而复杂的器官——>自
然选择学说的疑难焦点

过渡变种的缺少

由于自然选择的作用只是在于保存那些对物种有利的变异，
因此在充满生物的地区当中，每种新的类型都有一种倾向，去替
代同时在最后消灭那些比它自己改进较少的亲类型还有那些与它
竞争而受益较少的种类。所以说绝灭与自然选择是同时进行着
的。因此，假如我们将每一个物种都看作是从那些我们所不知道
的类型繁衍而来的，那么它们的亲种与所有过渡的变种通常在这
个新类型的形成以及完善的过程中就已经被渐渐消亡掉了。

不过，按照这样的理论，数不胜数的过渡的类型，以前一
定是存在过的，那么为什么我们没能找到它们大规模埋存于地壳
中呢？在我后面的《论地质记录的不完全》这一章中，将会与大

家一起去讨论这一问题，到时候才会更为便利一些。在这里，我只是想说一下，我认为对于这个问题的答案，主要在于地质记录的不完全并不是一般人能够想象得到的。地壳是一个巨大的博物馆，可是自然界的采集品并不够完整，并且是在很久的一段间隔时期里进行的。不过，能够主张，当很多个亲缘密切的物种生存于相同的地区当中的时候，那么到如今，我们就应该能够真实地看到很多过渡的类型才对。举一个简单的事例来看一下：当我们在大陆上自北向南旅行时，通常情况下都能够在不同的地方见到亲缘关系的或者是代表的物种很明显在自然组成中占据着差不多相同的地位。所有的代表的物种经常会相遇并且进行互相之间的混合。当有的物种逐渐减少的时候，就会有另一种物种慢慢地繁多起来，直到最后，新的物种彻底代替了旧的物种。不过假如我们在那些物种互相混杂的地方去对它们进行比较的话，就能够看出它们的构造的各个细点通常都是非常不同的，就如同从每个物种的中心生活地区搜集而来的标本一样。依据我的观点，那些近缘的物种是由一个共同的亲种繁衍而来的。在不断变异的过程中，每个物种都慢慢地适应了自己所在环境中的生活条件，同时也渐渐地排斥并消灭了那些原有的亲类型以及所有的连接过去还有现在的那些过渡变种。所以说，我们不用去指望如今能够在每个地方都可以遇到大量的过渡变种，尽管说它们以前确实是在那些地方生存过，而且也有可能以化石的状态在那些地方埋存着。不过，在具有中间生活条件的那些中间地带当中，为什么我们如今没能看到密切连接的中间变种呢？这样的问题在很长一段时间内很让我感到惶惑，可是换个角度，我觉得，这个问题基本上还是可以解释的。

首先，假如，我们现在看到一个地方的生物是连续的，于是就推断那里在相当长的一段时期里也是连续的，对于这点我们应该十分慎重。地质学让我们相信：大部分的大陆，甚至在第三纪末期的时候还出现了分裂，出现了一些岛屿。在这些新出现的岛屿上，应该说没有中间变种在中间地带生存的可能性，不一样的物种应该说或许是分别形成的。因为陆地的形状还有气候的变迁，如今我们看到的连续的海面，在最近之前的时期，我们可以肯定地说，一定没有现在那样的连续还有一致。不过我不会选择这条道路去逃避困难，因为我坚定地认为，很多界限非常分明的物种是在原来严格连续的地面上形成的。尽管我并不怀疑如今连续地面的以前断离状态，对于新种形成，尤其是对于自由杂交而漫游的动物的新种形成，具有非常重大的意义。

　　我们留意一下如今在一个大范围地区中分布的物种，我们通常都能够看到那些物种在一个大范围的地区中是非常多的，但是在边界的地方会多多少少地突然地稀少起来，直到最后消失无踪。所以说两个代表物种之间的中间地带，比起每个物种的独有的地带，通常总是狭小的。在登山的时候我们同样能够见到类似的现象。有些情况下，就像德康多尔所观察到的那样，一种普通的高山植物很是突然地消失不见了，那么这就是一个十分值得我们注意的事情。福布斯在用捞网探查深海时，也曾留意到相同的事实。有的人将气候还有物理的生活条件看成是分布的最重要因素，这些事实差不多能够引起那些人的惊讶，因为气候与高度或者是深度，都是在不知不觉的情况下慢慢地发生着变化的。不过假如我们能够记得住几乎所有的物种，甚至在它们分布的中心地区，假如没有与它们进行生存斗争的物种，它们的个体数量将会增加到一个难以计算的程度。假如我们能够记住几乎所有的物种，不是吃别的物种就是被别的物种所吃掉。总的来说，假如我们记得每一生物都与其他的生物用非常重要的方式直接地或间接地发生关系，那么我们就能够知道，不管什么地方的生物，它们的分布范围并不会完全决定于不觉间变化着的物理条件，它们大部分决定于别的物种的存在，或者依赖于别的物种而生活，或者是被别的物种所毁灭，还有可能就是与别的物种进行竞争。由于这些物种都已经是区别非常明显的实物了，没有被无法觉察的各级类型混淆成一片，所以说不管是哪一个物种的分布范围，因为依存于别的物种的分布范围，那么它们的界限就会出现非常明显的倾向。另外，每个物种在它自己的个体数目生存比较少的分布范围的边缘地带，因为它的敌害还有它们的猎物数量的变动，或者是季候性的变动，都可能很轻易地遭遇完全的毁灭。所以说这样一来这些物种的地理分布范围的界限就更为明显了。由于近似的或者是代表的物种，当生存在一个连续的地区中时，所有的物种都有很大的分布范围，它们之间存在着一个比较狭小的中间地带，在这个地带当中，它们会比较突发地越来越稀少；又因为变种与物种之间还没有本质上的区别，因此相同的法则基本上能够应用于二者。假如我们用一个栖息于大范围地区中的正发生着变异的物种作为事例，那么就一定会有两个变种适应于不同的两个大范围之内，而且还会有第三个变种适用于那个狭小的中间地带。于是，中间变种因为生活在一个狭小的环境当中，它们的个体数目就比较少。事实上，按我所能理解的去说的话，这个规律非常适合于自然环境中的变种。对于藤壶属中明显变种的那些中间变种，属于我见到的这个规律的明显的事例。从华生先生还有阿萨·格雷博士以及沃拉斯顿先生给我的材料中能够看出，当介于两个类型之间的中间变种存在的时候，这个中间变种的个体数目通常都比它们所连接的那两个类型的数目要少很多。如今假如我们能够相信那些事实还有推论，而且可以断定介于两个变种中间的变种的个体数量，通常比它们所连接的类型较少的话，那么，我们就可以理解中间变种为什么不可以在很长的一段时间之内继续地生存着。依据常见的规律，中间变种为什么比被它们自己原来所连接起来的那些类型绝灭的快消失得也比较早呢？

很简单，那是由于，就像前面我们所讲到的，不管是哪种生物，只要是个体数目较少的类型，就比个体数目多的类型，更能出现非常大的绝灭机会。在这样的特殊情形当中，中间类型很容易被两边生活着的那些亲缘密切的类型欺压，不过还有更为重要的理由，那就是在假设两个变种改变并且完全成为两个不同的物种的这种进一步的变异过程当中，个体数目较多的两个变种，因为都是生活于较大的地区当中，就比那些生存于狭小中间地带当中的，个体数目比较少的中间变种，占据了很大的优势。这是由于个体数目较多的类型，比那些个体数目较少的类型，不管是在什么样的时期当中，都有比较不错的机会，能够出现更为有利的变异来供自然选择的利用。所以，那些普通的类型，在自己的生存斗争当中，就具备压倒并且代替那些较不普通的类型的倾向。而后者的改变还有改良是比较缓慢一些的。我认为，就像第二章中讲到的那样，这个相同的原理也能够说明为什么每个地区当中的普通物种，可以比那些稀少的物种平均可以展现出更多的一些特征明显的变种。我能够举一个例子来对我的观点进行一个说明，假设我们饲养着三个绵羊的变种，一个适应于广大的山区环境；一个适应于比较狭小的丘陵地带；还有一个适应于广阔的大平原环境。我们进行一个假设，假设这三个不同的地区的居民都有相同的决心以及技巧，利用选择去改良它们的品种。处于此种情况之下，有着大量羊的山区或者是平原的饲养者，将会拥有更多成功的机会，他们比那些只有少数羊的狭小中间丘陵地区的饲养者在改良品种方面要来得快一些。于是，直到最后，改良的山地品种还有平原品种将会用最快的速度代替那些改良较少的丘陵品种。于是，原本个体数目还比较多的这两个品种，自然就会彼此密切相接，然后将那些没能够被代替的丘陵地带的中间变种夹在其中。

总的来说，我们相信物种到底还是界限非常分明的实物，不管是在哪一个时期之中，都不会因为无数变异着的中间连锁而出现不能分解的混乱。首先，由于新变种的形成是非常缓慢的，正是因为变异是一个非常缓慢的过程，所以如果没有有利的个体差异或者变异发生的话，那么自然选择就不会有什么作用也不会产生什么影响了，与此同时在这个地区的自然环境当中，假如没有空的位置能够使一个或者更多个改变的生物更好地生存，那么自然选择也是没有什么作用与影响的。这样的新位置取决于气候的缓慢变化，有时候也取决于新生物的偶然移入。而这里最为重要的，也许是决定于某些旧生物的徐缓变异。因为后者产生出来的新类型，就会与旧的类型之间互相发生作用还有反作用。因此不管是在哪个地方，不用考虑是在什么时候，我们一定要看到只有很少的一部分物种在构造方面表现着很多稳定的小量的变异。这确实是我们看到的情景。其次，现在连续的地域，在以前的时期当中，一定一直都经常是隔离的那部分。在这些地方，有很多的类型，尤其是属于每次生育都不得不进行交配，与漫游范围很大的那些类型，估计已经分别变得非常不同，足以列入代表物种当中去了。在这样的情景当中，很多个代表物种与它们的共同祖先之间的中间变种，之前在这个地区的各个隔离部分之中，曾经一定存在过，不过这样的连锁在自然选择的过程中，基本上都已被排除甚至已经绝灭，因此现在已经看不到它们的存在了。

　　然后，假如两个或两个以上的变种，在一个严密连续，并且地域完全不同的部分当中形成了，那么在中间地带基本上会有中间变种的形成，不过这些中间变种通常存在的时间带不会很长，这是因为这些中间变种，鉴于那些已经说过的理由（也就是那些我们所清楚的，亲缘密切的一些物种，或代表物种的实际分布情形，还有那些大家都认可的，变种的实际分布状况），生活于中间地带的个体数目的确比被它们所连接的那些变种的个体数量少些，仅仅是从这种原因去看的话，中间变种就无法摆脱被绝灭的命运。在经过自然选择进一步发挥作用的整个过程中，它们几乎一定要将这些所连接的那些类型压倒然后进一步代替。正是因为这些类型的个体数量比较多，在整个系统中有更为可观的变异，这样就能够方便生物通过自然选择得到进一步的改进，同时也进一步占有更大的优势。

　　最后我要说，并不是从任何一个时期去看，而是对所有的时期进行研究，如果说，我的学说是正确的，那么，我们所数不清的大量的中间变种曾经一定是存在着的，而将同群的所有物种密切连接起来。不过，就像前面已经多次提起的，自然选择这个过程，往往有着让亲类型与中间变种绝灭的倾向。那么就算是一直到最后，它们曾经存在过的证据，只能去化石的遗物中寻找了，而那些化石的保存就像我们在后面的章节中所要讲的那样，是非常不完整并且是间断性的。

具有特殊习性与构造生物的起源与过渡

对我的意见持反对态度的人曾经提出疑问：比如说，一种陆栖食肉动物如何才能够转化成为具有水栖习性的食肉动物呢？而这种动物在它的过渡过程中又是如何去维持自己的生命的呢？这并不难解说，现在有很多的食肉动物表现出从严格的陆栖习性到水栖习性之间密切连接的中间各级，而且因为每种动物都必须为了自己的生活进行斗争才可以生存下去，所以很显然，每个动物都必须很好地适应它在自然界中所生活的位置。让我们来看一下北美洲的水貂，它的脚有蹼，它的毛皮还有短腿以及尾的形状都与水獭很像。在夏季，这种动物为了生活，在水中游泳捕鱼为食，而到了漫长的冬季之后，它们就会离开冰冻的水，然后像那些鼬鼠一样，抓捕鼷鼠还有别的陆栖动物为食。要是用另一个例子提问：一种食虫的四脚兽是经过怎样的过程转变为能飞的蝙蝠的？那么这个问题的答复恐怕就要难得多了。但是按我所研究的，这个难点的重要性并不重要。

在这里，就像在其他场合中，我正位于对自己非常不利的局面，因为从我搜集的很多显著的例子当中，我仅仅可以举出一两个来说明近似物种的过渡习性还有构造，以及同一物种中不管是恒久的还是暂时性的各种各样的习性。依我看来，像蝙蝠这样特殊的情况，如果不将过渡状态的事例列为一张长表的话，好像不足以减少其解说的困难程度。

物种起源精译 **WUZHONG QIYUAN JINGYI**

我们看看猫猴类，也就是人们所说的飞狐猴，在以前它曾被归于蝙蝠类中，而到现在，人们则认为它是属于食虫类的了。它那非常宽大的腹侧膜，从颚角起，一直延伸到尾部，甚至包住了生着长指的四肢，它腹侧膜旁的皮膜还长着伸张肌。尽管现在还没有适于在空中滑翔的构造的各级连锁，将猫猴类同别的食虫类连接起来，但是不难想象，这种连锁在之前一定存在过，并且每种都是像滑翔较不完整的飞鼠那样一步步发展而来的。所有的构造对于自己的所有者，都曾发挥过或多或少的作用。我认为也没有什么无法超越的难点去让我们进一步相信，连接猫猴类的指头同前臂的膜，因为自然选择的作用而大大地增加了，这一方面，就飞翔器官来说，能够让这个动物演化为蝙蝠。在有的蝙蝠当中，翼膜从肩端起会一直延伸到尾部，而且还会将后腿都包含在里面，我们基本上在那里能够看到一种原本适合滑翔但是不适合飞翔的构造痕迹。

　　如果有 12 个属左右的鸟类都绝灭了，谁能够贸然去推测，只将它们的翅膀用来拍打水的一些鸟，比如大头鸭；将自己的翅膀在水中当作鳍来使用，在陆上则当作前脚来使用的一些鸟，比如企鹅；还有将自己的翅膀当作风篷用的一些鸟，比如鸵鸟；还有翅膀在机能方面几乎没有任何用处的一些鸟，如几维鸟，谁敢断言推测这些种类的鸟曾经存在过呢？但是以上这些鸟，它们每一种的构造在自己所处的生活环境之中都具有一定的用处，因为每一种鸟都必须要争取在斗争中求生存。不过它们在所有的可能条件下并不能说就一定都是最好的，一定不要从这些话去推断。这里所说到的各级翅膀的构造（它们基本上都是因为不使用的结果），都代表了鸟类实际得到完全飞翔能力所经过的过程，不过它们足以表示出有多少过渡的方式，最起码是具有可能性的。

　　看到与甲壳动物还有软体动物这些在水中呼吸的动物十分相像的少数种类，能够适应陆地的生活，又看到飞鸟、飞兽还有很多样式的飞虫，还有之前曾经存在过的飞爬虫，那么我们能够想象那些依靠鳍的拍击而稍微上升、旋转并能在空中滑翔很远的飞鱼，基本上是能够进化成完全有翅膀的动物的。如果真的会发生这样的事情，谁能够想象到，它们在最开始的过渡状态中，曾经是大洋中的居住者呢？并且，有谁能想到它们最开始的飞翔器官，是专门用来逃脱其他鱼的吞食的呢？（按照我们所知道的，确实是这样的。）

　　有些情况下既然我们可以看到一些个体拥有不同于同种以及同属异种们所原本就都有的习性，那么我们就能够预期那些个体基本上偶尔可能就会出现新的品种，那些新出现的物种具有很不一样的习性，并且它们的构造稍微地或者是明显地出现一些改变，与它们的构造模式完全不相同。自然界中的确存在着这样的事例。啄木鸟攀登树木同时还会从树皮的裂缝当中捕捉昆虫，我们可以列出比这种适应性更加生动有说服力的例子吗？但是在北美洲，有的啄木鸟的主要食物是果实，还有一些啄木鸟竟然长着长翅膀，在飞行的过程中捕捉昆虫为食。在拉普拉塔平原上，基本上找不到一棵树木，在那个地方，有一种啄木鸟被称为平原䴕，它们的两趾朝前，两趾朝后，舌长并且尖，尾部的羽毛尖细并且坚硬，足以帮助它们在一个树干上保持直立的姿态，不过却远没有典型啄木鸟的尾羽那么坚硬，而且它们还有直并且非常有力的嘴，不过它们的嘴还是没有典型啄木鸟的嘴那么直还有强硬，不过想要在树木上穿孔也足够用了。所以，这类鸟在构造的所有的主要部分上算是一种啄木鸟。而对于像那些不太重要的性状，比如羽色还有比较粗哑的音调以及波动式的飞翔，都明确地向我们展示了它们同英国普通啄木鸟之间密切的血缘关系。不过按照我自己的观察，还有依据亚莎拉的精确研究结果，我能够确切地说，在一些较大的地区当中，它们不攀登树木，而且竟然是选择在堤岸的穴洞中做巢。不过在一些其他地方，按赫德森先生所提出的，正是这种相同的啄木鸟时常往来于树木之间，同时还会选择在树干上凿孔当巢。我能够列出一个别的例子来说明这一属的习性改变的状况，按照德沙苏尔所讲到的，有一种墨西哥的啄木鸟在坚硬的树木上打孔，则是用来储存橡树的果实。

有的人认为，不管是哪种生物，只要是被创造出来，那就是像今天我们所看到的那样，如果这些人看到有的动物的习性和构造不相一致的时候，就一定会觉得非常奇怪。鸭还有鹅的蹼脚的形成是为了能够游泳，还有什么比这个事实更具有说服力呢？可是，那些生存于高地的鹅，尽管长着蹼脚，可是它们极少会走近水边，除了奥杜邦之外，没有人曾见到过四趾都有蹼的军舰鸟会选择海面来进行降落。换个方面来看，水壶卢与水姑丁均是非常显著的水栖鸟，尽管它们的趾只是在边缘上长着蹼。涉禽类的长且没有蹼的趾的出现与成型，是为了更方便它们在沼泽地还有浮草中行走，还有比这样的事实更加明显的吗？不过苦恶鸟还有陆秧鸡均属于这一目，但是前者几乎与水姑丁一样是水栖性的，后者却基本上与鹌鹑以及鹧鸪一样，是陆栖性的。在这些例子还有别的可以列出来的例子当中，均是习性已经发生了变化但是构造没有相应地出现变化。高地鹅的蹼脚在机能上应该说已经变得几乎是残迹的了，尽管它在构造方面并不是这个样子的。军舰鸟的趾间深凹的膜，显示出它的构造已经开始出现变化了。

信奉生物是分别经过很多次之后被创造出来的人，通常都会这么说，在前面的所有例子当中，是由于造物主喜欢让一种模式的生物来替代另一种模式的生物。不过在我看来，这仅仅是用庄严的语言将事实又说了一遍而已。而对于相信生存斗争还有自然选择原理的人来说，则会认为每种生物都在不断地努力去增加自己个体的数目，同时他们还会承认，不用去计较是哪种生物，不管是在习性方面还是在构造方面，只要出现很小的变异，就可以比同一地区的其他生物占有生存的优势，进而夺取其他生物在那个地区的位置，不管那个位置与它本身原来的位置有多大的不同。如此一来，人们就不会对下面的现象觉得难以理解了：具有蹼脚的鹅还有军舰鸟，生活在干燥的陆地上，极少会降落于水面上；具有长趾的秧鸡，生活于草地并不是生活于泽地上；啄木鸟生活于几乎没有树木的地方，还有，潜水的鸫、潜水的膜翅类以及海燕具有海鸟的习性特征。

极完备而复杂的器官

眼睛这个器官，具有无法模仿的装置，能够对不同的距离进行调焦，可以接纳不同量的光，还能够校正球面以及色彩的像差以及色差，它的结构的精巧简直无法比拟。如果假设眼睛可以由自然选择而形成，我坦白地承认，这样的观点应该说是非常荒谬的。当最开始说太阳是静止的，但是地球确实环绕着太阳进行旋转的时候，人类自身的常识就曾经提出这样的说法是不正确的。不过每个哲学家所知道的"民声就是天声"这句谚语，在科学的世界中是不可以相信的。理性告诉我们，假如可以显示，从简单而不完善的眼睛到复杂并且完善的眼睛之间，存在着无数的各种等级，而且如实际情况那样，每个等级对于它的所有者都有一定的作用。那么，假如眼睛也如实际情况那样之前也出现过变异，而且这些变异是可以遗传的，同时假如这些变异对于处于变化着的外界环境中的所有的动物均是有用的，那么相信完善并且复杂的眼睛，其形成过程用自然选择的学说来进行论证虽然有难点，即使是这样却不可能影响到和否定了我的学说。神经是如何对光有感觉，就像生命自身是如何起源的一样，并非我们所研究的范围。不过我可以指出，有的等级非常低的生物在它们体内是无法找到神经的，但是依然可以感光，所以说，在它们的原生质中，有某些感觉元素聚集到一起，慢慢地发展为具有这种特殊感觉性的神经，这看起来好像并不是不可能的。

在寻索任何一个物种的器官所赖以完善化的各个等级时，我们应该专注于观察它们的直系祖先，可是这几乎是无法实现的。如此一来我们就不得不去观察同群中的其他物种还有其他的属了，也就是要去观察共同始祖的旁系，来帮助我们找出在完善的过程中究竟有哪些级是可能的，或许还有机会看出遗传下来的，未曾改变或只是有一丁点改变的某些级。不过，不同纲中的同一器官的状态，对于它达到完善化所经过的步骤，很多时候也能够向我们提供一定数量的说明。

可以被称作眼睛的最简单器官，是由一条视神经组成的，它被色素细胞环绕着并被半透明的皮膜覆盖着，不过它没有任何的晶状体或别的折光体。但是依据乔登的研究，我们甚至还能够继续下降一些，追溯到更为低级的视觉器官，我们能够看到色素细胞的集合体，它们的确是用作视觉器官的，可是却没有任何神经，只是着生在肉胶质组织上的一团色素细胞的聚集体。我们所讲的这种简单性质的眼睛，无法明确地看清东西，但是可以用来辨别明暗。按照刚才我们所提到的作者的说法，在一些星鱼当中，围绕神经的色素层存在着小小的凹陷，里面充满着透明的胶质，表面凸起，就像是高等动物中的角膜。他觉得这并不是用来反映形象的，只不过是将光线进行了集中，让它们的感觉更容易一些罢了。在这种集中光线的情况下，成像型眼睛形成的最重要步骤就具备了，这是因为，只要将裸露的感光神经末梢（在一些比较低等的生物中，视神经的这一端的位置并没有固定，有的深埋于身体中，有的接近于体表），安放在同集光器合理距离的位置，就能够在这上面形成影像。

在关节动物这一大纲当中，我们能够看到最原本的是单纯的仅仅是被色素层包围着的视神经，这种色素层有些情况下会形成一个瞳孔，不过并没有晶状体或别的光学装置。对于昆虫，如今我们都已知道，在它们庞大的复眼的角膜上存在着很多个小眼，形成真正的晶状体，而且这种晶状体包含着神奇变异的神经纤维。不过，在关节动物当中，视觉器官的分歧性是这般大，以至于米勒之前曾经将它们分为三个主要的大类另外还有七个小类，除了这些以外还有聚生单眼的第四个主要的大类。

假如我们细细思考一下这其中非常简单的情景，也就是关于低等动物的眼睛构造广阔并且具有分歧的同时还逐渐分级的范围。假如我们记得所有现存类型的数量，比起那些已经消失的类型的数量，毫无疑问会少很多，那么就不难理解，自然选择可以将那些被色素层包围着的还有被透明的膜遮盖着的一条视神经的简单装置，渐渐地变化成关节动物的任何成员所具有的，那种完善的视觉器官。

　　如果读完了这本书之后，很多人就会发现其中的很多事实，无法用其他的方法去进行解释，只可以通过自然选择的变异学说才能够给出有力的说明，那么，我们就应该毫不犹豫地继续向前迈进一步。他应该认可，甚至如雕的眼睛那么完善的构造，也是这样形成的，就算是在这样的情形下，我们并不知道它的过渡状态。有人曾经提出来反对意见，他认为，为了能够让眼睛发生变化，同时作为一种完善的器官被保存下来，就不得不有很多种变化同时发生才有可能。但是按照推断，这样的说法是无法经过自然选择来实现的。不过就像我在论家养动物变异的那部著作当中曾试图阐明的那样，假如说变异是非常微细并且是逐步发生着的，那么就没有必要假定所有的变异均是在同一时间发生的。而且，不同类型的变异也有可能为共同的一般性的目的而服务，就像华莱斯先生曾经提到过的："假如一个晶状体具有过短的或太长的焦点，它能够由改变曲度或者是改变密度去进行调整，假如它的曲度不规则，致使光线无法聚集于一点，那么让曲度慢慢地趋向于规则性，就是一种改进了。因此，虹膜的收缩还有眼睛肌肉的运动，对于视觉来说都不是必需的，只不过是让这个器官的构造在不论是哪个阶段中都能够得到添加的以及完善化的改进罢了。"在动物的世界中，占据最高等地位的脊椎动物当中，它们的眼睛在最初的时候是多么的简单，比如文昌鱼的眼睛，仅仅是透明皮膜所构成的小囊，它的上面生着神经并用色素包围了起来，除了这些以外，就没有别的装置了。在鱼类还有爬行类当中，就像欧文曾经讲到过的："折光构造的那些等级范围是非常大的。"依据微尔和卓越的见识来看，就算是人类的这种精致的透明晶状体，在胚胎期也是由袋状皮褶里的表皮细胞的堆积来形成的，至于玻璃体，则是由胚胎的皮下组织形成的，这样的事实有着非常重要的意义。即使真的就是如此，对于如此奇异的却又并不是绝对完善的眼睛的形成，如果想要得出公正的结论，理性不得不战胜想象。不过我深深地感到这是非常困难的，因此就有人在将自然选择原理应用到这么深远的境地时出现了踌躇，对于大家的犹豫心理我反而觉得非常理解。

人们总是容易拿眼睛与望远镜进行比较，这一点是不可避免的。我们都明白，望远镜是人类运用自己的高智慧经过很长时间的努力之后研究出来的。我们很自然地就会去推断眼睛也是经过一种在一定程度上类似的过程之后慢慢形成的。可是，这样的推论不是专横吗？我们能找出什么理由去假设"造物主"也是用人类那样的智慧去工作的呢？假如我们不得不将眼睛与光学器具进行一个比较的话，我们就应该想象，它拥有着一厚层的透明组织，在自己的空隙当中充满着液体，之下存在着感光的神经，而且还应该假设这一厚层中的每一部分的密度都在缓缓地发生着改变，以便分离为不同密度以及不同厚度的各层。这些层彼此之间的距离都是不相同的，每层的表面也都在慢慢地发生着变化。于是我们还不得不假定存在着一种力量，这种力量就是自然选择，也就是我们所说的最适者生存。这一力量时常高度重视着透明层中所发生和出现的每一个微小的变化，而且还会在改变了的条件之下，将不管是用任何方式或者是任何程度产生的比较明确一些的映像的每一个变异认真地保存起来。我们不得不假设，这个器官的任何一种新状态，都是成百万地倍增着的，而每种状态都会被一直保存至更好的出现之后，直到那个时候，旧的状态才会全部毁灭。在生物体当中，变异能够引发一些轻微的变化，生殖作用能够让那些改变基本上是无限地倍增着，而自然选择则会用准确的技巧，将每一次的改进和变化都详细认真地挑选出来。这样的自然选择过程会一直持续千百万年，每年又都会作用于千百万种不同种类的个体。这种活的光学器具能够优胜于玻璃器具制造出来的，就像"造物主"的工作比人的工作做得更好一样，关于这一点，难道我们还不能够完全去相信吗？

自然选择学说的疑难焦点

尽管我们在断言任何器官不可以由很多连续的、细小的过渡类型逐步产生的时候，不得不非常小心谨慎，但是，毫无疑问自然选择学说还是存在着很多严重的难点的。

最为严重的疑难之一，就是那些中性的昆虫，它们的构造总是同正常的雄虫还有可育的雌虫之间存在着很大的不同。不过，对于这样的情形将在后面的一章中进行讨论研究。还有一个很难解释的例子就是，鱼类的发电器官，由于我们无法想象得到那种奇异的器官是通过什么样的步骤而产生的。不过这也不需要大惊小怪，因为我们甚至都不清楚它有什么样的作用。在电鳗还有电鲸（Torpedo）的发电器官当中，不用去质疑，这些器官估计会被用于强有力的防御手段，也有可能会用于食物的捕捉。不过，在鳐鱼当中，依据玛得希的观察，它们的尾巴上存在着一个相似的器官，产生的电却是极少的，就算是当它遭遇了非常大的刺激的时候，所发出的电依然非常少，少到基本上无法对我们前面讲到的两个用途中的任何一个起到一些作用。此外，在鹞鱼当中，除了我们刚刚所说的器官以外，像麦克唐纳博士曾经阐述说明的，在靠近头的部位还有另一个器官，尽管知道它并不带电，不过它看起来好像是电的发电器的真正同源器官。通常认为这些器官与普通的肌肉之间，在内部构造方面以及神经分布方面还有对各种试药的反应状态方面都是十分类似的。还有，肌肉的收缩都会伴随着放电，也是应该引起我们特别关注的。而且就像拉德克利夫博士所提出来的"电的发电器官在静止时的充电似乎同肌肉还有神经在静止时充电非常相像，电的放电，其实没有什么特殊，估计只不过是肌肉与运动神经在活动时放电的又一种形式罢了"。除去这些之外，我们目前还未研究出别的解释。不过，因为我们对于这种器官的作用了解得非常少，而且由于我们对于现在生存的电鱼始祖的习性还有构造都还不太清楚，因此如果轻易地主张这些器官不可能经过有利的过渡类型而逐步形成，那就真的有点太过于冒昧了。

最初看来，这些器官貌似向我们提供了另一种更为严重的难点，由于发电器官只在大约12个种类的鱼当中见到过，而这其中还有几个种类的鱼，在亲缘关系上看起来具有一定的遥远距离。假如相同的器官出现在同一纲中的很多个成员身上，尤其是当这些成员各自有着非常不相同的生活习性时，我们通常都能够将这个器官的存在归因于共同祖先的遗传所致，而且还可以将某些不具有这器官的成员归因于因为不常使用或由于自然选择最后造成了现在的没有。因此，假如说发电器官是从某一古代的祖先身上遗传而来的，我们基本上可以预料到所有电鱼彼此之间应该都有比较特殊的亲缘关系了。但是事实并不是这样的，并且相差甚远。地质学也无法完全让人相信大部分的鱼类之前曾有过

● 晚年的达尔文在温室里进行研究

发电器官，而它们变异了的后代到现在才将它们失掉。不过当我们更进一步地研究这个问题时，就发现了在具有发电器官的若干鱼类当中，发电器官位于那些鱼类身体上的不同位置，也就意味着，那些具有发电器官的鱼类在构造方面是不同的。比如电板排列法的不同，按照巴西尼的说法，发电的过程还有方法也是不一样的，最后，通至发电器官的神经来源也是不一样的，这估计就是所有不同中最为重要的一种不同了。所以，在具有发电器官的很多鱼类当中，不可以将这种器官看成是同源的，我们只可以将它们看成是在机能方面同功的。这样一来，我们就没有理由去假定它们是从共同祖先遗传下来的了。因为如果说它们有共同的祖先，那么它们就应该在很多的方面都是密切相似的。那么，对于表面上看起来一样而事实上从几个亲缘相距非常远的物种发展起来的器官看的话，这个难点就消失了，现在唯剩下一个较差的不过也还是非常重要的难点，那就要知道在每个不同群的鱼类当中，这种器官是经过怎样分级的步骤而渐渐发展而来的。

在属于非常有差异的不同科的几种昆虫当中，我们所看到的分布于身体上不同位置的发光器官，在我们缺乏知识的情况下，向我们又提供了一个和发电器官难度不相上下的难点。还有别的类似的情况，比如在植物当中，花粉块长在具有黏液腺的柄上，这种很奇妙的装置，在红门兰属还有马利筋属当中，构造方面很明显是相同的。但是在显花植物中，这二属之间的亲缘关系是相距最远的，这样类似的装置并不能说就是同源。在所有的物种当中，那些分类地位距离甚远，但是具有一些特殊并且类似的器官的生物，就算是这些器官的一般形态以及功能都一样，但是总是能够发现它们之间还存在着一些基本的区别。应该说，自然选择为每个生物自身的利益而进行着工作，同时还会利用所有有利的变异，那么如此一来，在不同的生物当中，就有可能会产生出光从机能来讲是相同的器官，那么，我们能够提出，这些器官的共同构造是不可以归因于共同祖先的遗传的。

弗里茨穆勒为了能够验证这一结论，非常谨慎地进行了基本上相同的讨论。在甲壳动物几个科中有为数不多的几个物种拥有着呼吸空气的器官，非常适合在水外生活，穆勒对其中的两个科研究得十分详细，这两科的关系非常接近，这两个科中的很多物种的所有的重要性状都十分一致。比如它们的感觉器官还有循环系统以及复杂的胃中的丛毛位置还有营水呼吸的鳃的构造，甚至那些用来清洁鳃的非常微小的钩，都惊人得十分一致。由此，我们能够预料到，在属于这个科的营陆地生活的一小部分物种当中，同等重要的呼吸空气器官应该是一样的。因为，既然所有别的重要器官全都十分相似或者是非常相同，那么为什么为了同一目的的这种器官会生得不一样了呢？

穆勒按照我的观点，主张构造方面如此多角度的密切相似，不得不用从一个相同祖先的遗传才可以获得解释。不过，由于前面所讲的两个科的很大一部分物种与大多数别的甲壳动物一样，全都具有水栖习性，因此假如说它们的共同祖先曾经适于呼吸空气，那么很显然是绝对不可能的。所以说，穆勒在呼吸空气的物种当中认真详细地检查了这种器官，之后他发现每个物种的这类器官在很多重要的方面，比如呼吸孔的位置，比如开闭的方法，再比如别的一些附属构造，都存在着一定的差异。只要我们假设属于不同科的物种在渐渐地变得一天比一天适应水外生活还有呼吸空气的生活，那么，那样的差异就是能够理解的，甚至可以说基本上是能够预料得到的。这是由于那些物种因为属于不同的科，就会存在着一定程度上的差异，而且按照变异的性质，根据两种要素，也就是生物的本性还有环境的性质这样的原理，它们的变异性就一定不可能会完全一样。最后，自然选择如果想要得到机能方面相同的结果，就不得不在不同的材料就快要发生变异时进行工作。如此一来所获得的构造基本上就一定会是各不相同的。按照分别创造作用的假设，所有的情况就无法理解了。这种讨论的过程对于能够让穆勒接受我在本书当中所主张的观点，看起来有极为重要的意义和作用。

经过前面讲到的很多情况，我们在完全不存在亲缘关系的物种当中，或者是在仅存在着疏远亲缘关系的生物当中，看到因发展虽然不同但是外观十分相似的器官所出现的相同的结果还有所进行的相同的机能。还有一个方面用非常多样的方式，能够达到相同的结果，就算是在亲缘关系十分密切相近的生物当中有时也是这个样子的。这是贯穿整个自然界中的一个共有的规律。鸟类的生有羽毛的翅膀与蝙蝠的长膜的翅膀，在构造方面是多么不同，蝴蝶的四个翅与苍蝇的两个翅还有甲虫的两个鞘翅，在构造上则更为不相同。双壳类的壳构造得可以随意开闭，可是从胡桃蛤的长行综错的齿到贻贝的简单的韧带，两壳铰合的样式又是多么多。有的作者主张，生物基本上就像店中的玩具一样，只是为了花样，是由很多方法形成的，不过这样的自然观不具有可信度。雌雄异株的植物还有那些虽然雌雄同株可是花粉无法自然地散落在柱头上的植物，需要一些外界的力量才能完成受精作用。有几种受精是如此完成的：花粉粒轻并且松散，随着风的吹拂，仅仅依靠不确定的机会来散落于柱头之上，这是能够想象得到的最为简单的办法。还有一种基本上一样简单但是非常不相同的方法，能够在很多植物当中见到，在那些植物中，对称花会分泌出少数的几滴花蜜，用这样的方式招引来昆虫的到访，然后昆虫就会从花蕊中将花粉带到柱头上去。

从这个简单的阶段开始，我们就能够清楚地认识到，不计其数的各种装置只不过全是为了相同的目的，而且都是用本质上相同的方式在发挥着作用，不过它们引起了花的其他部分的变化。花蜜能够贮藏于各种形状的花托之中，它们的雄蕊还有雌蕊能够出现诸多种类的变化，有些情况下会生成陷阱般的装置，有的情况下能够因为刺激性或弹性然后进行巧妙的适应运动。从如此这般的构造开始，一直到克鲁格博士近期描述过的盔兰属那种十分特殊的适应的现象。这种兰科植物的唇瓣，也就是它的下唇有一部分朝里凹陷，变为一个大水桶，在它的上面有两个角状体可以分泌出近乎纯粹的水滴，然后不断地降落于桶中，而等到这个水桶半满的时候，桶内的水就会从一边的出口溢出，而唇瓣的基部正好就在水桶的上方，它也凹陷成一个腔室，两边有出入口。在这腔室中有一种非常奇怪的肉质棱。就算是特别聪明的人，假如他不曾亲自看见那里曾经发生过什么情况，就永远都难以想象得到那些奇奇怪怪的部分对于植物来说能有什么作用。可是克鲁格博士曾经亲眼目睹了那个场景，他看见成群的大型土蜂去拜访这种兰科植物的巨大的花，不过，它们并不是冲着吸食花蜜而去的，它们是为了咬吃水桶上方那个腔室当中的肉质棱。当这些成群结队的土蜂这么做的时候，经常会出现互相冲撞的现象，于是就会有一部分跌进水桶当中去，它们的翅膀就会被水浸湿，暂时无法再飞起来，这样它们只好被迫从那个出水口或者是溢水所形成的通路上爬出去。克鲁格博士发现，土蜂的"连接的队伍"在经历了一场不自愿的"洗澡"后，通过这样的通道爬了出去。那条通道其实是非常狭窄的，上面盖着雌雄合蕊的柱状体，所以当土蜂用力爬出去的时候，最开始就会将它的背擦到胶粘的柱头上去，接着又会擦着花粉块的黏腺。于是这样一来，当土蜂爬过新近张开的花的那条通路之后，就会将花粉块粘在自己的背上，于是就将它们带走了。克鲁格博士曾给我寄来一朵浸在酒精中的花还有一只蜂，蜂是在没有全部爬出去的时候弄死的，花粉块还粘在它的背上。用这种方式使带着花粉的蜂飞到另一朵花上去，或者下一次再来拜访同一朵花，而且被同伴挤落到水桶中，接着再次从那条通道爬出去时，花粉块就一定会先同胶粘的柱头进行接触，同时粘在这上面，这样一来这朵花就成功地受精了。现在，我们已经看清楚了花的每个部分的充分作用。分泌水的角状体的作用，半满水桶的作用，它的作用是防止掉进来的蜂飞走，并强迫它们不得不从出口爬过去，同时迫使它们擦着长在适当位置上的胶粘的花粉块还有胶粘的柱头。

能够质问，在前面讲到的还有别的很多个例子当中，我们该如何去理解这种复杂的慢慢的分级分步骤的，还有用各式各样的方法去达到相同的目的呢？就像之前已经讲到过的，我们得到的答案无疑是，彼此已经出现了稍微差异的两个类型，在出现变异的时候，它们的变异性不可能是全部同一性质的。因此为了相同的一般目的，经过自然选择所得到的结果，也就不会是相同的了。我们还要牢记：每种高度发达的生物都已经通过很多的变异，而且每一个变异了的构造，全都有被遗传下去的倾向。因此每一种变异都不可能轻易地消失，反而会一次又一次地发生进一步的变化。所以说，每一种物种的任意一部分的构造，不管它是为着什么样的目的而服务的，也均是很多遗传变异的综合物，是这个物种从习性还有生活环境的改变中连续适应之后获得的。

最后，尽管在很多的情况下，想要推测器官经过了哪些过渡的形式才达到今日的状态，是十分困难的。不过，在考虑到生存的还有已知的类型同绝灭的以及未知的类型进行比较，前者的数目是那么小，而让我感到十分惊讶的，是很难列出一个例子来证明哪个器官不是经过过渡阶段之后慢慢形成的。就像是为了特殊的目的而创造出新的器官似的，在不管是哪种生物当中都极少出现甚至是从未出现过，当然这一定是真实的。就像自然史中那句古老的而且还有点夸张的格言"自然界中没有飞跃"所道出的一样。基本上所有有经验的博物学者的著作当中都承认这句格言。或者就像米尔恩·爱德华兹曾经说过的，他说得很好，他认为"自然界"在变化方面是十分慷慨的，可是在革新方面是十分小气的。假如按照特创论看的话，有时为什么会有那么多的变异，而真正新奇的东西又那么少呢？很多独立的生物既然是分别创造出来用于适应自然界中的一些位置，那么为什么它们的所有部分还有器官，都是这么普遍地被慢慢分级的一些步骤连接在一块儿呢？而从这一构造到另一构造的进化，"自然界"又是为什么不采取突然的飞跃呢？按照自然选择的学说，我们就可以明白地理解"自然界"为什么应该不是如此的了。由于自然选择仅仅是利用微小的、连续的变异来发挥作用，她从不会去采取巨大并且突然的飞跃，反而总是以短小而稳步的，缓慢的速度和节奏去慢慢地前进。

第七章
对于自然选择学说的种种异议

变异未必同时发生——>表面上无直接作用的变异——>进步的发展——>阻碍自然选择获得有用构造的原因——>巨大而突然的变异之不可信的原因

变异未必同时发生

以前有过这样的讨论，说在过去的三千或者是四千年当中，埃及的动物还有植物，就是那些我们所知道的都没有发生过变化，因此世界上其他随便一个地方的生物估计也没有出现过变化。不过，就像刘易斯先生所讲的那样，这样的议论不免有些太过分了，由于刻在埃及纪念碑上的还有那些制成木乃伊的古代的家养族，尽管和现今生存的家养族十分相像，甚至是相同的，但是所有的博物学家都认为，这些家养族都是它们的原始类型在经过变异之后产生出来的。自冰河期开始以来，很多保持不变的动物基本上能够用来当作一些十分有力的例子，因为它们曾经暴露

物种起源精译 WUZHONG QIYUAN JINGYI

在气候的巨大变化之中，并且曾经远距离地搬迁生活过。而换成在埃及，按我们所知道的，在逝去的数千年当中，生活条件从来都是完全一致的。自从冰河时期以来，那些很少会出现变化甚至是从来没有出现变化的事实，用以反对那些相信内在的以及必然的发展法则的人们，估计是有一些效力的。不过用来反对自然选择也就是最适合生存的学说的话，却不具备什么力量，因为这个学说表示着只有当有利性质的变异或者说个体差异出现的时候，它们才会被保存下来。不过这只有在某些有利的环境条件中才有可能实现。

著名的古生物学家布朗在他译的本书德文版的后面，问道：依据自然选择的原理，一个变种如何可以与亲种并肩生存呢？假如二者都可以适应稍微不一样的生活习性或者说生活条件，它们大概可以一同生存的。假如我们将多形的物种（它的变异性看起来好像具有特殊的性质），还有暂时的变异，就像大小、皮肤变白症等情况，都先放在一边不去讨论，别的比较稳定的变种，就我所能发现的，通常都是栖息在不同地区的，比如高地或低地，干燥地段或者是潮湿地段。另外，在喜欢到处漫游还有自由交配的一些动物当中，它们的变种好像通常都是局限于不同地区当中的。

布朗还觉得，不一样的物种从来不只是表现于一种性状方面，反而是在很多方面都会有一定的差异。而且他还问道，体制的很多部分是如何因为变异还有自然选择经常同时出现变异的呢？不过也没有必要去猜想哪种生物的所有部分是不是会同时出现变化。最能适应一些目的的最明显变异，加上我们之前所讲到的，估计经过连续的变异，就算是轻微的，最开始是在某一部分，然后就

WUZHONG QIYUAN JINGYI

会在其他部分而被获得的。由于这些变异都是一同传递而来的，因此才会让我们看起来觉得好像是同一时间发展的了。有的家养族主要是因为人类选择的力量，朝着一些特殊的目的发生变异的，这种类型的家养族对于前面提到的异议提供了最好的回答。让我们来看看赛跑马还有驾车马，也可以看看长躯猎狗还有獒。它们全部的躯体，甚至就连心理特性都已经遭到了改变。不过，假如我们可以查出它们的变化史中的每一阶段，当然，那些最近的几个阶段是能够查出来的，那么我们将看不到巨大的以及同时发生着的变化，反而只会看到，最开始是这一部分在变化，接下来是另一部分发生了细小的变异还有改进。甚至可以讲，当人类只对其中的一种性状进行选择时，栽培植物能够在这方面提供最好的例子，那么我们就会看到，尽管这一部分，不管它是花、果实还是叶子，在很大程度上被改变了。这样的话，那么几乎所有别的部分也会出现稍微的变化。这一个现象能够归因于相关生长的原理，还有一部分能够归因于我们所说的自发性变异。

表面上无直接作用的变异

布朗还有布罗卡提出了更为严重的异议，他们认为，有很多性状看起来对于它们的所有者，并未发现有什么作用，因此它们无法被自然选择干扰和影响。布朗列出了不同种的山兔以及鼠的耳朵还有尾巴的长度还有很多动物牙齿上的珐琅质的复杂皱褶，以及大量类似的情形来进行有力的论证。对于植物，内格利在一篇值得称赞的论文当中已经讨论过这个问题了。他认可自然选择非常具有影响力，可是他主张各科植物彼此之间的主要差异在于形态学的性状，而这些性状对于物种的繁盛来说似乎并不怎么重要。所以他认为生物有一种内在的倾向，能够让它朝着进步的以及更加完善的方向去发展。尤其是以细胞在组织中的排列还有叶子在茎轴上的排列为例，更说明自然选择无法发挥作用。我觉得，另外还能够加上花的各部分的数目还有胚珠的位置，以及在散布方面并没有什么作用的种子形状等。

前面的异议非常有力。不过就算是这样，首先，当我们决定判断什么样的构造对于每个物种现在有用或者是以前曾经有用时，还是需要十分谨慎的。其次，我们一定要记住，有的部分在出现变化时，别的部分也会出现变化，这是因为一些我们还不是很明白的原因，比如流到一部分去的养料的增多或者是减少，各个部分之间的互相挤压，先发育的那部分对后来发育的那部分还有别的方面的影响等。除此之外，还有一些我们完全无法理解的别的原因，它们造成了很多相关作用的神秘现象。而那些作用，为了用起来方便简单，都能够包括于生长法则这个用语当中。再者，我们不得不考虑到改变了的生活条件具有直接的以及一定的作用，而且不得不考虑到我们所说的自发性变异，在自发变异当中生活环境的性质很明显发挥着十分次要的作用。芽的变异，比如在普通蔷薇上突然生长出来的苔蔷薇，或者是在桃树上生长出来了油桃，那就是自发变异的最好的例子了。不过就算是在这样的情况之下，假如我们还记得虫类的一小滴毒液在产生复杂的树瘿上的力量，我们就不可以百分百地肯定，前面讲的变异不是因为生活环境的一些变化所引发的。树液性质微小部分变化的结果，对于每一个细小的个体差异，还有对于偶然发生的，更为明显的变异，一定存在着某种有道理的理由，而且假如这种未知的原因不间断地发挥其作用，那么这个物种的所有个体基本上就一定会出现相似的变异了。

对于我们所假定的每种不同部分还有器官的无用性，就算是在最熟知的高等动物当中，也依然有着很多这样的构造存在着，它们是那么发达，以至于从来无人会怀疑它们的重要性。可是它们的作用还未能被确定下来，或者说仅仅是在最近才被确定下来。有关这点，基本上也没必要再说了。布朗既然将很多个鼠类的耳朵还有尾巴的长度作为构造没有特殊作用而呈现差异的例子，尽管说这不是非常重要的例子，可是我能够指出，依据薛布尔博士的观点，普通鼠的外耳具有数目可观的以特殊方式分布的神经，没必要去怀疑，它们是用来当作触觉器官使用的，所以耳朵的长度看起来就不会是不太重要的了。此外，我们还能够见识到，尾巴对于某些物种是一种极为有用的把握器官，这样一来它的作用就要大受它的长短的影响。

对于植物，鉴于已有内格利的相关论文，我就只作以下的一些说明。人们会承认兰科植物的花有很多奇异的构造，多年之前，这些构造还只是被看成是形态学上的差异，并没有什么特殊的机能。不过现在我们都已知道，这些构造经过昆虫的帮助在受精方面是非常重要的，而且它们估计是通过自然选择来被获得的。一直到近来，没有人能够想象到在二型性的或者是三型性的植物当中，雄蕊还有雌蕊的不同长度以及它们的排列方法会带来什么样的作用，不过我们如今已经知道，这些确实是有作用的。

属于不同"目"的一些植物，常常会出现两种花，一种是开放的、具有普通构造的花，还有一种是关闭的、不完全的花。这两种花有些情况在构造方面表现得极为不同，但是在同一株植物上还是能够看出来它们是相互渐变而来的。

生长法则的重要影响是如此地需要得到我们的重视，因此我还要再举出其他的一些例子，表明相同的部分或器官，因为在同一植株上的相对位置的不同因而会出现一些差异。按照沙赫特所说的，西班牙栗树还有一些枞树的叶子，它们分出的角度在近于水平的还有直立的枝条上有一定的不同。在普通芸香还有一些别的植物当中，中间或者是顶部的花往往是最先盛开的，这朵花有5个萼片以及5个花瓣，子房同样是五室的，但是这些植物的所有别的花全是四数。英国的五福花属顶上的花一般只有2个萼片，而它的其余部分却是四数的，周围的花通常都有3个萼片，但是其余的部分是五数的。很多聚合花科还有伞形花科（还有一些别的植物）的植物，它们外围的花比中间的花拥有着更为发达的花冠；这些情况好像往往与生殖器官的发育不全有一定的关系。还有一件我们之前提到过的更为奇妙的事实，那就是外围的还有中间的瘦果以及种子经常在形状、颜色，还有别的性状方面彼此间存在着很大的不同。在红花属还有一些别的聚合花科的植物当中，只有中间的瘦果具有冠毛。而在猪菊苣属当中，相同的一个头状花序上会生有三种不同形状的瘦果。在其他一些伞形花科的植物当中，依据陶施提出的意见，长在外面的种子属于直生的，而长在中央的种子则是倒生的，在德康多尔看来，这样的性状在别的物种当中具有分类上的高度重要性。布劳恩教授曾列出延胡索科的一个属，其穗状花絮下面的花结有呈卵形的还有呈棱形的一个种子的小坚果。但是在穗状花絮的上面，则结有披针形的以及两个蒴片的，两个种子的长角果。在这么多的情况中，除了为了引来昆虫注目的十分发达的射出花之外，按照我们所能判断的来看，自然选择通常都没有发挥出什么作用，或者是只会发挥十分次要的作用。所有这样的变异全部均是每个部分的相对位置还有它们相互作用的结果。并且，基本上没有任何疑问，假如同一植株上所有的花还有叶，如同在一些部位上的花还有叶那般都曾受相同的内外条件的影响，那么它们就都会依照同样的方式而被改变。

进步的发展

在别的很多情况当中，我们常能看到，被植物学家们看作是通常具有高度重要性的构造变异，仅仅发生在同一植株上的一些花当中，或者只是出现在相同外界条件下的，密接生长的不同植株之上。由于这样的变异看起来对于植物没有什么特殊的作用，因此它们并不会受到自然选择的影响。其中的原因到底是什么，我们还不是十分清楚，甚至不可以像前面所讲到的最后一类例子那样，将它们归因于相对位置方面的各种的近似作用。在这里我仅仅列出少数几个事例就好。在相同的一株植物上，如果花没有规则地表现为四数或者是五数，那都属于很平常的现象，对于这点我不需要再举出实例了。不过，由于在一些部分的数目比较少的情况里，数目方面的变异也会比较稀少，因此我还需列举一些例子出来，按照德康多尔所说的，大红罂粟的花具有两个萼片以及四个花瓣，或者三个萼片以及六个花瓣。花瓣在花蕾中的折叠方式在大多数植物群中都是一个非常稳定的形态学方面的性状。不过阿萨·格雷教授曾说，对于沟酸浆属的一些物种，它们的花的折叠方式基本上总是不但像犀爵床族而且还像金鱼草族，而沟酸浆属是属于金鱼草族的。

我们由这些可看出，植物的很多形态方面的变化，能够归因于生长法则以及各部分的相互作用，但是与自然选择没有什么关系。不过内格利曾经提出，生物有朝着完善或进步发展的内在倾向。按照这个学说，可以说在这些显著变异的场合当中，植物是朝着高度的发达状态前进的吗？事实正好相反，我只是按照前面讲到的各部分在相同植株上，差异或变异非常大的这个事实，就能够对这些变异进行一个推论，不管通常在分类方面有多么大的重要性，但是对于植物本身来说是非常不重要的。一个没有作用的部分的获得，真的是无法说它是提高了生物在自然界中的等级。而至于前面所讲到的那些不完全的关闭的花，假如不得不引用新原理进行解释的话，那么肯定是退化原理，而不是进化原理。很多寄生的还有退化的动物一定也是这个样子的。对于那些造成前面所说的特殊变异的原因，我们目前还是无法弄明白的。不过，假如这种未知的原因基本上非常一致地在很长的一段时间里发挥它的作用，那么我们就能够推论，所造成的结果也一定是几乎一致的，而且在这样的情况下，物种的所有个体会用相同的方式出现一些变异。

阻碍自然选择获得有用构造的原因

时常会有人提出疑问，既然自然选择这么有力量，那么为什么对于有的物种那些很明显有利的这样的或者是那样的构造，没能够被它们获得呢？不过，考虑到我们对于每种生物的过去历史还有对于现在决定它们的数目以及分布范围的条件是无法知晓的，要想对于这样的问题给出十分肯定的回答，是很难做到的。在大部分的情况下，只可以举出一些一般的理由，仅仅在少数的情况下，才能够列出具体的理由来。如此，想要让一个物种去适应新的生活习性，很多协调的变异基本上是不能少的，而且往往能够遭遇下面的情形，也就是那些必要的部分不去依照正当的方式或正当的程度进行变异。很多的物种一定会因为破坏作用而阻止它们在数目方面的增加，这样的作用与一些构造在我们看来，对于物种是有利的，所以就会想象它们是经过自然选择而被获得的，可是并没有什么关系。处于这些情况之中，生存斗争并不依赖于这样的构造，因此这些构造不会经过自然选择而被获得。在很多情况当中，一种构造的发展需要复杂的、长久持续的并且往往需要具备特殊性质的条件。可是遇到这样的所需要的条件的时候估计是非常少的。我们常常会错误地以为只要是对物种有益的任何一种构造，就都是在所有的环境条件中经过自然选择而被获得的，这样的认为同我们所可以理解的自然选择的活动方式正好是相反的。米瓦特先生并不否认自然选择具有一定的效力，只不过在他看来，我用自然选择的作用来解说这样的现象，"例证还不够充分"。

现如今，基本上所有的博物学者都肯定了有一些形式上的进化。米瓦特先生相信物种是经过"内在的力量或倾向"而发生变化的，这种内在的力量到底是什么，我们实在无法得到答案。一切进化论者都认为物种有变化的能力。可是在我看来，在普通变异性的倾向以外，好像没有主张任何内在力量的必要性。一般的变异性经过人工选择的帮助，曾经出现了很多适应性非常好的家养族，并且它们经过自然选择的帮助，就会一样好地、一步一步

翼手龙身体上长有毛皮，这表明它们可能是温血动物。

出现自然的族，也就是我们所说的物种。最后的结果，就像我们之前说过的那样，通常是体制的进步，不过在一些少数的例子当中则是体制的退化。

不管是谁，如果相信进化是缓慢并且逐步的，那么也就一定会承认物种的变化也能够是突然的以及巨大的。就像我们在自然环境当中，或者甚至是在家养状况当中所看到的，任何单独的变异一样。可是假如说物种受到了饲养或者是栽培，那么它们就比在自然环境当中更容易出现变异。因此，像在家养状况当中经常出现的那些巨大而突然的变异，不一定会在自然环境当中经常出现。家养状况下的变异，有一些能够归因于返祖遗传的作用，如此重新出现的性状，在很多的情形当中，估计最初是逐步慢慢获得的。还有更多的一些情形，一定会被称为畸形，比如六指的人、多毛的人还有安康羊以及尼亚太牛等。由于它们在性状方面同自然的物种非常不一样，因此它们对于我们的问题所能提供的帮助是非常少的，除了这些突然的变异以外，为数不多的剩下来的变异，假如是在自然环境当中发生，那么最多也只可以构成同亲种类型依然具有密切相连的可疑物种。

巨大而突然的变异之不可信的原因

我就对自然的物种会像家养族那样也突然发生变化存在着很多疑问，而且我完全不相信米瓦特先生所说的自然的物种在以奇怪的方式发生着变化。按照我们的经验，那些突然而十分明显的变异，是单独地而且间隔时间还比较长的，在家养生物当中发生的。假如这样的变异在自然环境当中发生，就像前面所讲的，将会因为偶然的毁灭还有之后的相互杂交而容易消失；在家养的状况当中，除非这类的突然变异因为人的照顾被隔离同时被特别地保存起来，我们所知道的情况正好是这样的。那么，假如新种如米瓦特先生所假定的那种方式一样突然地出现，那么，就一定有必要去相信很多奇异变化了的个体能够同时出现于相同的地区当中，不过，这是与所有的推理都违背的。就如同在人类的无意识选择的环境当中那样，这样的难点只有按照逐渐进化的学说才能够避免。而所讲的逐渐进化，是经过很多朝着任何有利方向变异的大多数个体的保存以及朝相反方向变化的大多数个体的毁灭而得以实现的。

很多物种以逐渐的方式进行着进化，可以说是无须怀疑的。很多自然的大科当中的物种甚至是属，彼此之间是那么密切近似，以至于很难分辨的数目并不少。在每个大陆上，从北到南，由低地到高地等，我们能够看到很多密切相似的或具有代表性的物种。在不同的大陆中，我们有理由相信它们以前曾经是连续着的，还能够看到相同的情形。不过，在得出这些以及下面的叙述时，我不能不先谈一谈以后还会讨论到的问题，看一看环绕一个大陆的很多个岛屿，那些地方的生物有多少只可以升到可疑物种的地位。假如我们观察过去的时代，拿消逝不多久的物种同如今还在同一个地域当中生存的物种进行比较，或者将埋存于同一地质层当中的各亚层里的化石物种进行比较，情况同样如此。很明显的，很多很多的物种同如今仍然生存着的或近年来曾经生存过的别的物种之间的关系，是非常密切的。我们很难说清楚这些物种是不是以突然的方式发展而来的。而且还不能忘记，当我们观察近似物种而不是不同物种的特殊部分的时候，有一些非常细小的无数级进能够被追踪出来，这些微细的级进能够将完全不相同的构造连接起来。

尽管产生很多物种所经历的步骤，基本上一定不比出现那些分别细微变种的步骤大，可是还能够主张，有的物种是用不同的以及突然的方式发展而来的。但是，想要这么去承认，就不能够没有强有力的证据。昌西·赖特先生曾举出一些模糊的，并且在很多方面存在着错误的类型去支持突然进化的观点，比如说无机物质的突然结晶，还有具有小顶的椭圆体从一小面陷落到另一小面等。然而这样的例子基本上是没有讨论的意义的。不过有一类事实，比如在地层当中突然出现了新的并且是不同的生物类型，刚开始看上去，似乎可以支持突然变异的信念。不过这样的证据的价值，完全决定于同地球史的辽远时代有关的地质记录是否完全。假如那记录如同很多地质学者所坚决主张的一样是片断的话，那么，新类型看起来就像是突然出现的这种说法，就不值得称奇了。

假如相信某种古代生物类型经过一种内在的力量或内在倾向而突然发生了转变，比如，有翅膀的动物，那么它就基本上是要被迫去假设很多个体都同时出现了变异，而这一点同所有的类比的推论都是违背的。我们无法否认，这些构造方面的突然并且巨大的变化，同大部分物种所显著发生的变化是非常不相同的。于是他还要被迫去相信，和同一生物的别的所有部分美妙地互相适应的还有同周围条件美妙地进行适应的很多构造都是突然出现的。而且对于这么复杂且奇特的相互适应，他就无法举出一丁点解释来了。他还要被迫承认，这样巨大并且突然的转变在胚胎上不曾留下了丁点痕迹。要我说的话，承认这些，就相当于走进了奇迹的领域，而离开科学的领域了。

第八章
论地质记录的不完全

消失的中间变种——> 从沉积速率及剥蚀程度推
断时间进程——> 所有地层中都缺失众多中间变
种——> 已知最古老的地质层中出现了整群物种

消失的中间变种

我在前面的章节当中已经列举对于本书所持观点的一些主要的异议。其中有一个，就是物种类型的区别分明还有物种没有无数的过渡连锁将它们混淆于一起是一个非常明显的难点。我曾举出理由去说明，为什么这些连锁到今天在很明显非常有利于它们存在的环境条件之中，也就是说在具有渐变的物理条件的广阔并且连续的地域上一般都并不存在。我之前曾努力去解释说明，每个物种的生活对于现在的别的既存生物类型的依存超过了对于气候的依赖程度，因此我们说，真正控制生存的条件并不会如热度或温度一般地在完全不知不觉的情况下渐渐地消失。我也曾尽力阐明，因为中间变种的存在数量比它们所联系的类型要少，因此中间变种在进一步的变异以及改进的过程中，通常都要被淘汰和消灭。但是无数的中间连锁目前在整个自然界中都没有随处发生的主要原因，应该是由于自然选择的这个过程，由于通过这个过程，新变种不断地代替并且排挤了它们的亲类型。由于这种绝灭过程曾经大规模地发挥了自己的作用，按比例去说的话，那么以前生存着的中间变种就确实是大规模存在着的。那么，为什么在各地质层以及每个地层当中都没有充满这些中间连锁呢？地质学确实是没有揭发任何这类微细级进的连锁。这估计是反对自然选择学说的最为显著以及最重要的一些异议，我相信地质纪录的极度不完全能够很好地去解释这一点。

首先，应该永远记住，按照自然选择学说，哪些种类的中间变种应该是之前确实生存过的。当我们对任意两个物种进行观察时，就会发现很难避免不会想象到直接介于它们之间的那些类型。不过这是一个完全不正确的观点。我们应该时常去追寻介于各个物种与它们未知的祖先之间的一个共同的中间类型。不过，是我们还不知道的那些祖先之间的一些类型。可是这个祖先通常在某些方面已与变异了的后代完全不相同。

自然的物种是这样的，假如我们观察到非常不相同的类型，比如马与貘，我们就没有什么理由能够去假设直接介于它们之间的连锁以前也曾存在过，不过却能够假定马或者是貘与一个未知的共同祖先之间是存在着某种中间连锁的。它们的共同祖先在整个体制方面同马还有貘具有非常普遍的相似性。可是在某些个别的构造方面，估计与两者存在着非常大的差异。这差异也许甚至会比两者彼此之间的差异还要大很多，所以说，在所有这样的情况当中，除非我们同时掌握了一条近于完全的中间连锁，就算是把祖先的构造与它的变异了的后代加以严密的比较，也一样无法辨识出任何两个物种或两个以上的物种的亲类型。

按照自然选择学说，两个现存类型中的一个来自另一个估计是很有可能的。比如说马来貘。而且在这样的情况之下，之前应该有直接的中间连锁曾存在于它们之间。不过这样的情况也就意味着一个类型在相当长的一段时间内保持不变，但是它的子孙在这期间出现了大量的变异。可是生物同生物之间的子与亲之间的竞争原理将会让这样的情况很少发生。因为在所有的情况当中，新出现并且改进的生物类型均存在着压倒旧而不改进的类型的倾向。

按照自然选择学说，所有现存的物种都曾经与本属的亲种有一定的联系，它们之间存在着的差异并不比今天我们见到的同一物种的自然变种以及家养变种之间的差异更大。这些现在通常已经绝灭了的亲种，同样地与更为久远之前的类型有一定的联系。就这样回溯上去，往往就能够融汇到每一个大纲的共同祖先中。因此，在所有现存物种以及绝灭了的物种之间的中间的以及过渡的连锁数量，一定是很难数得清楚的。如果说自然选择学说是正确的，那么这些无数的中间连锁就一定曾经生活于地球上过。

从沉积速率及剥蚀程度推断时间进程

除去我们没有发现的无限数量的中间连锁的化石遗骸之外，还有一种反对的意见，那就是认为既然所有变化的成果均是缓慢达到的，因此没有充分的时间去完成大量的有机变化。假如读者不是一位有实践经验的地质学者，我将很难做到让他去领会一些事实，以帮助他对时间经过有一定的了解。莱尔爵士的著作《地质学原理》被后来的历史家推崇为自然科学界当中掀起了一次革命，只要是读过这部伟大著作的人，假如还不承认过去时代之前是多么久远，那么最好还是马上将我的这本书也收起来不用继续读下去了。不过只是研究《地质学原理》或阅读不同观察者那些与各地质层有关的专门论文，并且还能注意到每位作者如何试图对于各地质层的甚至是各地层的时间提出来的不太确定的观念，这是远远不够的。假如说我们知道了发生作用的每项动力，同时研究了地面被剥蚀了多深，沉积物被沉积了多少，我们才可以对过去的时间获得一些比较清楚的概念。就像莱尔爵士曾经说过的，沉积层的广度还有厚度就是剥蚀作用的结果，同时也是地壳其他的场所被剥蚀的尺度。因此一个人应该亲自去考察层层相叠的很多地层的巨大沉积物，认真详细地去观察小河是怎样带走泥沙还有波浪是怎样侵蚀海岸岩崖的，如此才可以对过去时代的时间有一些了解，而与这时间有关的标志在我们的周围随处可见。

　　顺着由不是太坚硬的岩石所形成的海岸走走，同时注意去观察一下它的陵削过程，对于我们来说是有好处的。在大部分的情况当中，到达海岸岩崖的海潮每天仅仅有两次，并且时间都比较短暂，而且只有当波浪挟带着细沙或者是小砾石时才可以对海岸岩崖起到侵蚀作用。因为有足够有力的证据能够证明，清水在侵蚀岩石方面是不存在任何效果的。这样下去，海岸岩崖的基部终有一天会被掘空，那么巨大的岩石碎块就会倾落下来，于是这些岩石碎块就会固定于自己倾落的地方，接着被一点一点地侵蚀，直到它的体积逐渐缩小到可以被波浪将它旋转的时候才能够很快地磨碎为小砾石、砂或泥。不过我们经常看到沿着后退的海岸岩崖基部的圆形巨砾，上面密布着很多的海产生物，这证明了它们极少被磨损并且也极少被转动！此外，假如说我们沿着任何一个正在经受着侵蚀作用的海岸岩崖行走几英里路，就能够发现目前正在被侵蚀着的崖岸只不过是短短的一段而已，或者说只是环绕海角并且零星地存在着。地表与植被的外貌向我们证明，自从它们的基部被水侵蚀以来，已经经过很多个年头了。

但是我们最近从很多优秀的观察者，如朱克斯还有盖基和克罗尔以及他们的先驱者拉姆齐的观察当中，能够知道大气的侵蚀作用比起海岸的作用，也就是波浪的力量，更是一种更为重要的动力。全部的陆地表面均暴露于空气以及溶有碳酸的雨水的化学作用之下，而且，在寒冷的地方，还暴露于霜的作用之下。渐渐分解的物质，就算是在缓度的斜面上，也容易被豪雨冲走，尤其是在干燥的地方，还会超出想象范围之内地被风刮走。于是这些物质就会被河川运去，急流让河道加深，同时将碎块磨得更碎。等到下雨的时候，甚至就算是在缓度倾斜的地方，我们也可以从每个斜面流下来的泥水当中看到大气侵蚀作用的效果。

假如如此体会到陆地是经过大气作用以及海岸作用而逐渐被侵蚀了，那么要了解过去的时间有多么久远，就要一方面去考察大量的广大地域上被移走的岩石，另一方面还要去考察沉积层的厚度。至今我还清楚地记得当我见到火山岛被波浪冲蚀，四面削去变成高达 1000 或 2000 英尺的直立悬崖时，深深地被感动了。因为，熔岩流凝结为缓度斜面，因为它之前的液体状态，很清楚地解释说明了坚硬的岩层曾经一度在大洋里伸展得多么辽远。断层将与此同类的故事讲解得更为明白一些，沿着断层，也就是那些巨大的裂隙，地层在这一方隆起，或者在那一方陷下，这些断层的高度或者深度神奇地达数千英尺。由于自从地壳裂破以来，不管是地面隆起是突然出现的，或者是像大部分的地质学者所讲的一样，是缓慢地由很多的隆起运动而形成的，并没有多么大的差别，到了今天，地表已经变得完全平坦，导致我们从外观上已经看不出这些巨大的转位曾经存在过的任何痕迹。比如克拉文断层曾经一度上升达 30 英里，沿着这一线路，地层的垂直总变位自 600 到 3000 英尺各不相同。对于在盎格尔西陷落达 2300 英尺的现象，拉姆齐教授之前曾发表过一篇报告。他在报告中提出，他充分相信在梅里奥尼斯郡这个地方有一个陷落深达 12000 英尺，可是在这些情况当中，地表上已没有任何东西能够表示这些巨大的运动了。裂隙两旁的石堆已被夷为平地了。还存在一个方面，世界每个地方沉积层的叠积均曾现出异常厚的状况。我在科迪勒拉山曾测量过一片砾岩，厚度高达一万英尺厚。虽然说砾岩的堆积比致密的沉积岩速度要快些，但是从构成砾岩的小砾石磨为圆形需要耗费很多时间来看的话，一块砾岩的积成是多么缓慢。拉姆齐教授按照他在大部分的场合当中的实际测量，曾与我讲过英国不同部分的连续地质层的最大厚度。其结果我列在了下面：

古生代层（火成岩不包括其中）：57154 英尺

中生代层：13190 英尺

第三纪地层：2240 英尺

总加在一块儿是 72584 英尺。这也就意味着，如果折合英里的话，差不多有十三英里又四分之三的距离。有的地质层在英格兰只是一个薄层，但是在欧洲大陆上却厚达数千英尺。此外，在每一个连续的地质层之中，依据大部分地质学者的意见，空白时期也是非常长久的。因此英国的沉积岩的高耸叠积层只可以对于它们所经历了的堆积时间，向我们提供一个并不太肯定的观念。对于这种种事实的考察，能够让我们得到一种印象，基本上就如同在白花力气去掌握"永恒"这个概念所换取的印象一般。

可是，这样的印象还是存在着部分错误的。克罗尔先生在一篇有趣的论文当中讲道："我们对于地质时期的长度形成了一种过于宽泛的概念，是很少有机会犯错误的，但是假如用年数去计算的话，却是要犯错误的。"当地质学者们见到这种庞大并且非常复杂的现象，接着再见到表示着几百万年的那些数字时，这两者在人们的思想中能够产生出完全不同的印象，于是立刻就会感觉到，这些数字其实太小了。有关大气的剥蚀作用，克罗尔先生按照有些河流每年冲下来的沉积物已知道的量同其流域进行比较，得出了下面的计算，那就是1000英尺的坚硬岩石，逐渐粉碎，需要在600万年的时间里，才可以从整个面积的平均水平线上移走。这看起来好像是一个非常惊人的结果，有的考察让人们不得不去怀疑这个数字实在是太大了，甚至会将这个数字减到二分之一甚至是四分之一，不过仍然是非常惊人的。可是，极少会有人知道，100万的真正意义会是什么。克罗尔先生为我们讲述了下面的比喻，用一个狭条纸八十三英尺四英寸长，让它沿着一间大厅的墙壁延伸出去，然后在十分之一英寸的位置标志一个记号。此十分之一英寸用来代表100年，那么全纸条就代表100万年。不过一定要记住，在我们所讲的这个大厅当中，被那些没有任何意义的尺度所代表的100年，对于这本书的问题来说，却具有非常重要的意义。有一些非常优秀的饲养者只是在他们一生的时间当中，就能够极大地改变有些高等动物，并且高等动物在繁殖自己的种类方面远比大部分的低等动物缓慢很多。他们就是这样，成功地培育出值得称作是新的亚品种。极少会有人非常认真地去研究任何一种物种长达半世纪以上。因此，100年能够代表两个饲养者的连续工作。无法去假定在自然环境当中的物种，能够如同在有计划选择指导之中的那些家养动物一样，快速地发生变化。同无意识的选择，也就是只在于保存最有用的或最美丽的动物，而没有意向去改变那个品种，这一效果进行比较，或许会比较公平一些。不过经过这样的无意识选择的过程，每个品种在两个世纪或三个世纪的时间当中就会被很明显地改变了。

但是物种的变化估计更要缓慢一些，在相同地方当中，只有极少数的物种会同时出现变化。这样的缓慢性是因为相同的地方当中的所有生物，彼此之间已经适应得非常好了，除非是经过很长的一段时间之后，因为某种物理变化的发生，要不就是因为新类型的移入，在这自然机构当中是没有新位置的。此外，具有正当性质的变异或者是个体差异，也就是有些生物所赖以在发生了变化的环境条件当中适应新地位的变异，也往往不会马上就发生。不幸的是，我们没有办法去按照时间的标准去决定，一个物种的改变需要经过多长时间。

所有地层中都缺失众多中间变种

按照前面所讲的那些考察，能够知道地质记载，从整体来看的话，毫无疑问是非常不完全的。不过，假如将我们的注意力仅仅局限于任何一种地质层方面，那么我们就更难去理解为什么始终生活于这个地质层中的相近的物种之间没有出现密切级进的一些变种。而相同的物种在同一地质层的上部还有下部呈现出一些变种，这些情况曾在一些记载当中见到过。特劳希勒德所列举出来的有关菊石的很多事例就是这个样子的。再比如喜干道夫以前曾描述过一种非常奇怪的情况，在瑞士淡水沉积物的连续诸层中，发现了复形扁卷螺的十个级进的类型，尽管说每个地质层的沉积毫无疑问地需要非常久远的年代，还能够举出一些个理由去说明为什么在每个地质层中普遍找不到一条它们之间递变的连锁系列，介于始终在其中生活的物种之间，不过我对于下面所讲的理由还无法给出相称的评价。

尽管每个地质层能够表示一个相当漫长的过程，不过比起一个物种变为另一个物种所需要的时间，估计看起来还是会短些。两位古生物学者勃龙还有伍德沃德以前曾断言过各地质层的平均存续时期比物种的类型的平均存续时期要多出两倍或者是三倍。我知道，虽然说他们的意见非常值得尊重，可是，如果让我说的话，好像存在着很多无法克服的困难，来妨碍我们对于这样的意见给出任何正确的结论。当我们见到一个物种最开始在任何地质层的中央部分出现时，就会非常轻率地去推论它之前不曾在别的地方存在过。此外，当我们看到一个物种在一个沉积层最后部分形成之前就消灭了的时候，很自然地就会同样轻率地去假定这个物种在那个时候就已经完全绝灭了。我们忽略了欧洲的面积与世界的别的部分比较起来，是多么的小，而全欧洲的相同地质层中的几个阶段也并非完全确切相关的。

我们能够稳妥地推论，所有种类的海产动物因为气候以及别的一些变化，都曾出现过大规模的迁徙。当我们看到一个物种最开始在任何地质层中出现时，不妨估计这个物种是在那个时候初次迁移到这个区域中来的。比如，我们都知道的，一些物种在

● 在这个浅海地方的截图中，可以看到许多生物，当巨大的地理变化产生的时候，它们有的会成为化石，供科学家进行研究。

帽贝

海草

鲇鱼

小虾

海葵

蟹

海星

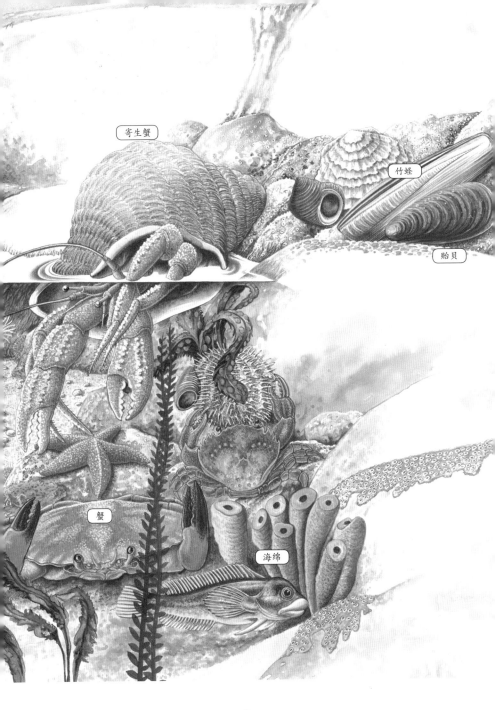

寄生蟹

竹蛏

贻贝

蟹

海绵

北美洲古生代层中出现的时间比在欧洲相同地层中出现的时间要早一些。这很明显是因为它们从美洲的海迁移到欧洲的海中，是需要一定时间的。在考察世界各地的最近沉积物的时候，随处能够见到一小部分到今天也依然生存的物种在沉积物中，尽管非常普通，却在周围密接的海中早已绝灭。或者说，相反地，有的物种在周围邻接的海中虽然现在依然非常繁盛，不过在这一特殊的沉积物中是一点都没有的。考察一下欧洲冰期中（这仅仅是全地质学时期的一个部分）的生物确切的迁徙量，同时也考察一下在这个冰期中的海陆沧桑的变化，还有气候的极端变化，以及时间的漫长历程，一定会是最好的一课。不过含有化石遗骸的沉积层，不管是在世界的哪一部分，是否曾经在这一冰期的全部时间里在相同的区域中连续地进行了堆积，是值得怀疑的。比如，密西西比河口的附近，在海产动物最为繁茂的深度范围之内，沉积物估计不是在冰期的整个时间当中连续堆积起来的。因为我们都明白，在这个时期当中，美洲别的地方曾经出现过巨大的地理变化。如同在密西西比河口附近浅水中在冰期的某一段时间当中沉积起来的这些地层，在上升的时候，生物的遗骸因为物种的迁徙以及地理的变化，估计会最开始出现并且消失于不同的水平面中。在遥远的未来，假如有一位地质学者调查这个地层，估计要试着作出这样的结论了，他会觉得在那里埋藏的化石生物的平均持续过程比冰期的时间要短，但是实际上远比冰期要长很多，这也就是在表明，它们从冰期之前就已存在，一直延续到了今天。

我们都知道，很多的古生物学者是按照多么微小的差异去对他们的那些物种进行区别的。假如说这些标本来自相同的一个地质层的不同层次，那么他们就会更加毫不犹豫地将它们排列为不同的物种。有一部分有经验的贝类学者如今已将多比内还有别的一些学者所定的很多极完全的物种降成变种了。而且按照这样的观点，我们确实可以看到依据这一学说所应该看到的那些变化的证据。再来看一看第三纪末期的沉积物，大部分的博物学者都相信那里所含有的很多贝壳与如今依然生存着的物种是相同的。不过有的卓越的博物学者，像阿加西斯还有匹克推特这些学者，则主张一切的这些第三纪的物种与现在生存的物种均为明确不同的，尽管它们的差别非常小。因此，除非我们相信这些著名的博物学者被他们的空想误导了，而去承认第三纪后期的物种的确同它们的如今生存的代表并没有什么不同之处，或者除非是我们同大部分的博物学者的判断正好相背离，承认这些第三纪的物种确实和近代的物种完全不一样，我们便可以在这当中获得所需要的那类微小的变异多次出现的证据了。假如我们认真注意一下稍微宽广一些的间隔时期，这就代表着，如果去认真观察一下相同的巨大地质层中的不同但是相互连续的层次，我们就可以看到其中埋藏的化石，尽管被列为不同的物种，不过彼此之间的关系比起相隔更为遥远的地质层当中的物种要密切很多。因此，有关向着这个学说所需要的方向的那些变化，我们在这里又获得了确凿的证据。

有关繁殖快并且移动不太大的动物还有植物，如同我们在前面已经看到的那样，我们有理由去推测，它们的变种在最开始通常都是地方性的。不管是在什么地方的一个地质层中，要想发现任何两个类型之间所有的早期过渡阶段的机会，是非常小的，由于连续的变化被假定是地方性的，也就是局限于某一地点的。大部分的海产动物的分布范围均是非常宽广的。而且我们看到，在植物的世界里，分布范围最广的是最常出现的变种。因此，有关贝类还有别的海产动物，那些具有最宽阔分布范围的，早已远超已知的欧洲地质层界限之外的，经常最开始产生地方变种，直到产生新的物种。所以说，我们在不管是哪个地质层中想要查出过渡的那些阶段的机会，也被大大地降低了。

不可以忘记，在现在可以用中间变种将两个类型连接起来的完全标本，是非常稀缺的，那么，除非从很多的地方采集到大量的标本之后，很少可以证明它们是同一个物种。并且在化石物种方面极少可以做到如此。我们只需问问，比如，地质学者在某个未来的时间里是不是可以证明我们的牛、绵羊以及马和狗的每个品种都是从一个或几个原始的物种繁衍而来的，再比如，栖息于北美洲海岸的一些海贝事实上是变种，还是大家所讲的不同物种呢？它们被有的贝类学者列成了物种，与它们的欧洲代表种非常不相同，可是却被别的一些贝类学者只是列为变种，如此一问的话，我们估计就可以最好地了解用无数的、细小的、中间的化石连锁去连接物种是不可能的。将来的地质学者也只有发现了化石状态的无数中间级进之后，才可以证明这一点，但是这种成功基本上完全是不可能的。

相信物种的不变性的著作家们反复地主张，地质学上找不到任何连锁的过渡类型。我们会在下面的一章中看到这样的主张一定是错误的。就像卢伯克爵士说过的，"每个物种均是别的近似类型之间的连锁"。假如我们以一个具有 20 个现存的以及绝灭的物种的属为例，假设五分之四遭到了毁灭，那么没有人会怀疑残余的物种彼此之间将会表现得十分不同。假如说这个属的两极端类型偶然这么被毁灭了，那么这个属将与别的近似属更加不相同。地质学研究尚且没有发现的是，之前曾经存在着无限数目的中间级进，它们就如同现存变种那般微细，而且将几乎所有现存的以及绝灭的物种连接在了一起。不过不可以去期望能够做到那样。可是这一点却被反复地提出来，当作反对我的观点的一个极为重大的异议。

用一个设想的例证将前面所讲的地质记录不完全的一些原因总结一下，还是非常有必要的。马来群岛的面积基本上相当于从北角到地中海还有从英国到俄罗斯的欧洲面积。因此，除了美国的地质层以外，它的面积同所有的多少精确调查过的地质层的所有面积相差并不太多。我完全同意戈德温·奥斯汀先生所提出的意见，在他看来马来群岛的现状（它的大量大岛屿已被广阔的浅海分隔开），估计能够代表之前欧洲的大部分的地质层正在进行堆积的当时的状况。在生物研究方面，马来群岛算是最丰富的区域之一。可是，假如说将所有的曾经生活在那里的物种全部搜集起来的话，就能够看出它们在代表世界自然史方面将是多么不完全！

不过我们有各种理由去相信，马来群岛的陆栖生物在我们假设堆积在那个地方的地质层中，一定被保存得非常不完全。严格的海岸动物或生活于海底裸露岩石上的动物，被埋藏于那个地方的，不可能有很多，并且那些被埋藏于砾石以及沙中的生物也无法保存到久远的时代中。在海底没有沉积物堆积的地方，或者在堆积的速率不足够可以保护生物体腐败的地方，生物的遗骸就无法被保存下来。

丰富的包含着各类化石的，并且其厚度在未来的时期当中足以延续到像过去第二纪层那么悠久的时间的地质层，在群岛中通常仅仅可以在沉陷的期间被形成。这些沉陷期间彼此之间会被巨大的间隔时期分割开来，在这个间隔时期之中，地面有可能会保持静止也有可能会继续上升。在继续上升的情况下，在峻峭海岸上的含化石的地质层，就会被不断的海岸作用所毁坏，而这个过程的速度基本上与堆积的速度是相同的，就像我们如今在南美洲海岸上所看到的情况一般。在上升的时间里，甚至在群岛间广阔的浅海当中，沉积层也非常难以堆积到很厚的程度，换一种说法，也非常难以被随后的沉积物所覆盖或者是保护，于是也就没有机会能够存续到久远的将来。在沉陷的时期当中，生物遭到绝灭的估计非常多，而在上升的期间，估计会出现大量的生物变异情况，不过这个时候的地质纪录更是不够完全。

　　大部分群岛的海产生物，现在已超越它的界限并且分布到数千英里之外的地方。按照这样的情况去推断的话能够明确地让我们相信，主要是这些分布范围十分广阔的物种，就算是让它们之中只有一些可以广为分布，最常产生新变种，这些变种在最开始是地方性的，也就是说仅仅局限于一个地方的，不过当它们得到任何决定性的优势之后，也就是当它们进一步变异并且改进时，它们就会慢慢地散布开去，同时将亲缘类型逐步地排斥掉。等到这些变种重返故乡时，由于它们已不同于之前的状态，尽管它们的程度或许是非常细微的，而且由于它们被发现时均是埋藏于同一地质层稍微不同的亚层当中，因此依据很多古生物学者所遵循的原理，这些变种估计就会被列为新并且不同的物种。

　　假如说这些说法有某种程度上的真实性，那么我们就没有权利去期望在地质层当中可以找到这样的没有数目限制的仅有微小差别的过渡类型，而这些类型，依据我们的学说，曾经将所有同群的过去物种以及现在的物种连接于一条长并且分支的生物连锁当中。我们只需要去寻找少数的连锁，而且我们确实也找到了它们，它们彼此之间的关系有的比较远一些，有的则比较近些。而这些连锁就算曾经是非常密切的，如果出现在同一地质层的不同层次，也会被很多的生物学者列为不同的物种。我不讳言，假如不是在每一地质层的初期还有末期生存的物种之间缺少无数过渡的连锁，然后还对我的学说构成这么严重的威胁的话，我将不可能会想到在保存得最好的地质断面里，纪录还是这么贫乏。

已知最古老的地质层中出现了整群物种

大部分的讨论让我相信，同群中的所有现存物种都是从一个单一的祖先传下来的，这点也一样有力地适用于最原先的既知物种。比如，所有寒武纪的以及志留纪的三叶虫类均是从某一种甲壳动物传下来的，而这种甲壳类一定远在寒武纪之前就已存在，而且还与任何已知的动物估计都有着大大的不同。有的最古老的动物，比如鹦鹉螺还有海豆芽之类的，同现存的物种并不存在着多么大的差异。根据我们的学说，这些古老的物种无法被假设为在它们后面出现的同群的左右物种的原始祖先，主要是因为它们并不具备任何的中间性状。

因此，假如说我的学说是真实可靠的，远在寒武纪最下层的沉积之前，必然会经过一个长久的时期，这个时期同从寒武纪到今天的整个时期相比的话，估计一样地长久，或者还要更为长久一些。并且，在如此广阔的时期之中，世界上一定已经充满了生物。这里我遇到了一个强有力的异议，那就是地球在适合生物居住的状态下是否已经经历久远的时间，好像值得去怀疑。汤普森爵士曾经就断言过，地壳的凝固不会在2000万年以下或者是4亿万年以上，估计是在9800万年以下或者是在2亿万年以上。这么广泛的差限，充分证明了这些数据是非常值得怀疑的。并且，别的一些要素在以后还有可能会被引入这个问题当中来。克罗尔先生计算自从寒武纪以来基本上已经经过 6000 万年，可是依据从冰期开始以来生物的微小变化量去判断的话，这同寒武纪层以来生物确实曾出现过较大并且繁多的变化相比较，6000 万年好像有些太短了。况且之前的 1.4 亿年对于在寒武纪中已经存在的各种生物的发展，也不可以被看成是足够的。不过，就像汤普森爵士所主张的那样，在非常早的时期，世界所面对的物理条件，它们的变化，估计比我们现在还要急促并且激烈。而这些变化则非常有利于诱使当时生存的生物用相应的速率去发生变化。

为了指出以后可能会获得某种解释，我愿提出下面的一些假说。按照在欧洲还有美国的若干地质层中的生物遗骸，它们似乎并不存在着在深海中栖息过的性质，而且按照构成地质层的，厚达数英里的沉积物的量，我们能够推断出产生沉积物的大岛屿或者是大陆地，始终都是处于欧洲还有北美洲现存的大陆附近的。后来阿加西斯与别的一些人也采取了相同的观点。不过我们依然不知道在若干连续的地质层之间的间隔期间当中，事物的状态以前是什么样的。欧洲还有美国在这些间隔期间当中，到底是干燥的陆地，还是没有沉积物沉积的近陆海底，要不就是一片广阔的，并且是深不可测的海底，我们现在还无从知道。

看一看现在的海洋，它是陆地的三倍，其中还散布着很多的岛屿。不过大家均十分清楚，除了新西兰之外，几乎没有一个真正的海洋岛（假如新西兰能够被称为真正的海洋岛）提供过一个古生代或者是来自第二纪地质层的残余物。所以，我们基本上能够去推论，在古生代以及第二纪的时期当中，大陆与大陆岛屿并未在如今的海洋的范围之中存在过。这是因为，假如说它们曾经存在过，那么古生代层还有第二纪层就会存在由它们的磨灭了的以及崩溃了的沉积物堆积起来的所有可能，而且这些地层因为在非常长久的时期当中一定会出现水平面的振动，最起码会有一部分隆起了。那么，假如我们从这些事实的方面能够去推论任何事情，那么我们也就能够推论，在如今海洋展开的范围之中，自从我们有任何纪录的最古远的时代以来，就曾出现过海洋的存在。再有一面就是，我们也能够推论，在如今大陆存在的地方，以前也曾有过大片的陆地存在着，它们自从寒武纪以来毫无疑问地遭受过水平面的巨大振动。在我的《论珊瑚礁》一书当中所附的彩色地图让我得出了下面的结论，那就是每个大海洋到今天依然是沉陷的主要区域。大的群岛仍然还是水平面振动的区域，而大陆也仍然是上升的区域。不过我们没有任何理由去设想，自从世界出现以来，事情就是如此依然如昨的。我们大陆的形成好像因为在多次水平面振动的时候，上升力量占了一定的优势而造成的。不过，难道说这些优势运动的地域，在时代的推移过程当中没有出现过变化吗？远在寒武纪之前的一个时期当中，现在海洋展开的地方，或许也有大陆曾经存在过，而现在大陆存在的那些地方，或许之前也存在过广阔的海洋。比如，假如鸬鹚海底现在变成了一片大陆，就算是那里有比寒武纪层还古老的沉积层曾经沉积下来，我们也不可以去假设它们的状态是能够辨识的。因为这些地层当中，因为沉陷到更为接近地球中心数英里的地方，同时因为上面有水的十分巨大的压力，估计就比接近地球表面的地层要遭遇更为严重的变质作用。世界上的一些地方的裸露变质岩的广大范围之中，比如南美洲这样的区域之中，一定曾在巨大的压力之下遭受过灼热的作用。我总是认为对于这样的区域，好像需要给予特别的解释。我们估计能够去相信，在这些广大的区域当中，我们能够看到很多远在寒武纪之前的地质层，是处于完全变质了的以及被剥蚀了的状态之下的。

尽管在我们的地质层当中见到很多介于现在生存的物种以及既往曾经生存的物种之间的连锁，可是并未曾见到将它们密切连接在一块儿的大量微细的过渡类型；在欧洲的地质层当中，有一些群的物种突然出现；根据现在所知道的，在寒武纪层以下基本上完全没有富含化石的地质层；所有这一切难点的性质毫无疑问都是非常严重的。最优秀的古生物学者们也就是居维叶还有阿加西斯和巴兰得、匹克推特、福尔克纳以及福布斯等，此外还有所有最伟大的地质学者们，如莱尔、默奇森还有塞奇威克等，曾经都一致地坚持物种的不变性。由此我们就能够看到，前面所讲的那些难点的严重情况了。不过，莱尔爵士现在对于相反的一面给予了他的最高权威的支持。而且大部分的地质学者还有古生物学者们对于他们以之前的信念也出现了大大的动摇。而那些相信地质纪录多少是完全的学者们，毫无疑问还是会毫不犹豫地去反对这个学说的。而我自己则会遵循莱尔的比喻，将地质的纪录看成是一部已经散失不全的，同时又是常用且变化不一致的方言写成的世界历史。在这部历史当中，我们只有最后的一卷，并且也只同两三个国家有一定的关系。在这一卷中，又仅仅是在这里或那里保存了一个短章，每页只有极为少数的几行。慢慢发生着变化的语言的每个字，在连续的每章当中，又多少存在着一些不同，这些字估计可以代表埋藏于连续地质层中的同时还被错认为突然发生的一些生物类型。根据这样的观点，前面所讨论的难点就能够大大地缩小了，或者说可以消失了。

第九章
论生物在地质上的演替

关于物种的地质演替——> 物种及物种群的灭
绝——> 所有生物的演化几乎同时进行——> 灭绝
物种间及与现存物种间的亲缘关系——> 古生物
进化情况与现存生物的对比

关于物种的地质演替

现在让我们来看一下与生物在地质方面的演替有关的一些事
实以及法则，到底是同物种不变的普遍的观点最为一致，还是同
物种经过变异和自然选择缓慢地、逐步地发生变化的观点最为一
致呢？不管是在陆上还是在水中，新的物种是非常缓慢地陆续出
现的。莱尔曾解释说明，在第三纪的一些阶段当中存在着这方面
的证据，这似乎是无法对其进行反对的。并且，每年都有一种倾
向将每个阶段间的空隙填充起来，同时让绝灭类型同现存的类型
之间的比例越来越成为级进的。在最近代的有些岩层当中（假如
用年去计算，尽管确实是属于非常古老的时候的），其中不过只

有一两个物种是绝灭了的，而且其中也不过只有一两个新的物种是首次出现的，这些新的物种有的是地方性的，也有一些据我们所知，是遍布在地球表面的。第二纪地质层是比较间断的。不过按照勃龙所说的，埋藏在各层当中的很多物种的出现还有消灭均不是同时进行的。

不同纲以及不同属当中的物种，并未曾依照相同的速率或者是相同的程度去发生变化。在比较古老的第三纪层当中，少数现存的贝类还能够在多数绝灭的类型中找出来。福尔克纳曾针对相同的事实列举过一个例子，那就是，在喜马拉雅山下的沉积物中，有一种现存的鳄鱼同很多已经灭绝了的哺乳类以及爬行类在一起。志留纪的海豆芽和本属的现存物种差别非常小。可是志留纪的大部分别的软体动物还有所有的甲壳类已经极大地发生改变了。陆栖生物好像比海栖生物变化得要快一些。以前在瑞士曾观察过这样动人的例子。有一些理由能够让我们去相信，高等生物比低等生物的变化要快很多。尽管这个规律是存在着例外的，生物的变化量，根据匹克推特的说法，在每个连续的所谓地质层当中并不相同。可是，如果我们将密切关联的任何地质层进行一个比较就能够发现，所有的物种都曾经发生过一定的变化。假如一个物种一度从地球表面上消失，没有原因能够让我们相信相同的类型会再次出现。只有巴兰得所讲的"殖民团体"对于后面所讲的规律是一个非常显著的例外，有一个时期，它们曾侵入到较久远的地质层当中，于是造成了既往生存的动物群又重新出现了。不过莱尔的解释是，这是从一个完全不同的地理区域暂时移入的一种情况，这样的解释好像还能够让人感到满意。

这些事实同我们的学说非常一致，这些学说并没有包括那种

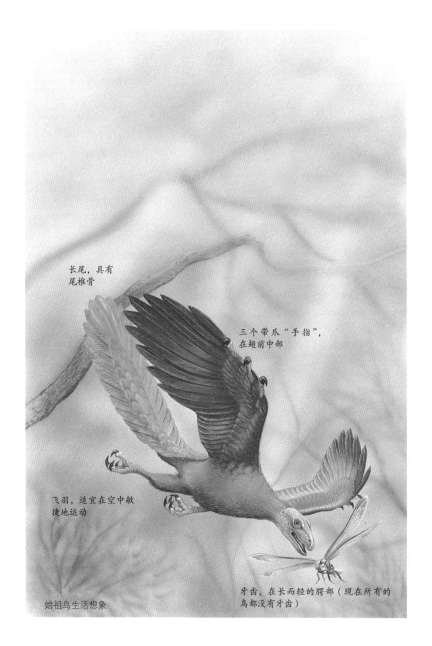

长尾，具有
尾椎骨

三个带爪"手指"，
在翅前中部

飞羽，适宜在空中敏
捷地运动

牙齿，在长而轻的腭部（现在所有的
鸟都没有牙齿）

始祖鸟生活想象

僵硬的发展规律，也就是一个地域当中所有的生物都突然地，或者是同时地要不就是在相同程度上出现了变化。也是说，变异的过程必定是非常缓慢的，并且通常情况下只可以同时影响很少数的物种。因为每个物种的变异性同所有其他的物种的变异性并没有关系。至于能够发生的这些变异，也就是个体差异，是不是可以通过自然选择而多少地被积累下来，然后去引起或多或少的永久变异量，这还要取决于很多复杂的临时事件。比如取决于具有有利性质的变异，取决于物种之间自由的交配，取决于当地缓慢变化的物理条件，取决于新移住者的迁入，而且还取决于同变化着的物种互相竞争的别的生物的性质。所以，有的物种在保持相同形态方面应该比别的物种长久得多。或者说，就算是有变化，变化也是比较少的，这是不足为奇的。我们在每个地方的现存生物之间发现了相同的关系。比如，马得拉的陆栖贝类与鞘翅类，同欧洲大陆上的那些它们最近的亲缘之间的差异非常大，可是海栖贝类与鸟类依然未曾出现改变。按照前章所讲的高等生物对于它们有机的还有无机的生活条件有着更为复杂的关系，我们估计就可以理解陆栖生物与高等生物比海栖生物还有低等生物的变化速度明显会快很多。当不算是什么地区的生物，大部分已经出现变异以及改进了的情况下，我们按照竞争的原理还有生物和生物在生活斗争中最为重要的关系，就可以理解曾经并没有在某些程度上发生变异以及改进的任何类型，估计都容易遭到绝灭。所以说，假如我们注意了足够长的时间，就能够明白为什么在一个相同的地方的所有物种到最后都会出现变异，这是因为，如果不变异的话，就会遭到绝灭。

物种群，也就是属还有科，在出现以及消灭方面，所遵循的规律同单一物种相同，它们的变化有缓急之分，也有大小之别。一个群一旦被消灭了，就永不会再次出现了。同样也就意味着，它们的生存不管是延续了多么久的时光，也总是连续着的。我深知对于这个规律，存在着一些非常明显的例外，不过这些例外惊人的少，少到就连福布斯还有匹克推特以及伍德沃德（尽管他们都极力反对我们所持的此种观点）都承认这个规律的正确性。并且这个规律同自然选择学说是严格一致的。因为同群中的所有物种不管是延续到多久的年代当中，也均是别的物种的变异了的后代，均是由一个共同的祖先繁衍遗传而来的。比如，在海豆芽属当中，连续出现在所有时代的那些物种，从下志留纪地层一直到今天，肯定都被一条连绵不断的世代系列连接在了一起。

物种的全群有些情况下会呈现出一种假象，表现出好像要突然发展起一般。面对此种事实，我已经提出了一种解释，如果说这样的事实是真实的话，那么对于我的观点将会出现致命的中伤。不过这样的情况确实属于例外。根据通常的规律，物种群渐渐地增加自己的数目，一旦增加到最大的限度之后迟早又会渐渐地出现减少的情况。假如说一个属当中物种的数量，一个科当中的属的数量，用粗细不同的垂直线去代表的话，让这条线通过那些物种在其中发现的连续的质层朝上升起，那么这条线有时在下端开始的地方会假象地表现出并不尖锐的现象，表现的是平截的。接着这条线伴着上升而逐渐加粗，同一粗度往往能够保持一段距离，最后在上层的岩床中渐渐地变细直到消失来表示这种物种已逐渐减少，直到最后被绝灭。一个群当中物种数目的这种逐渐增加，同自然选择学说都是严格一致的，因为同属的物种与同科的属仅仅可以缓慢地并且累进地增加起来。变异的过程与一些近似类型的产生一定会是一个漫长渐进的过程。一个物种先产生两个或三个变种，这些变种又渐渐地转变为物种，它又用相同的缓慢的步骤产生其他的变种以及物种，就这样继续下去，就如同一棵大树从一条树干上抽出很多的分枝是一个道理，直到成为很大的大群。

物种及物种群的灭绝

在前面的讨论中，我们只是附带地谈到物种与物种群的毁灭。按照自然选择学说来看，旧类型的绝灭和新并且改进的类型的产生之间存在着非常密切的关系。旧观念看来，觉得地球上所有的生物在连续时期当中都曾被灾变消灭干净，这样的观念已普遍地被抛弃了。就连埃利·得博蒙还有默奇森以及巴兰得等地质学者们，也都抛弃了这样的认识和想法。通常情况下他们的观点估计能够自然地引导他们到达这样的观点之上。如果你留意还会发现，按照对第三纪地质层的研究，我们有多种理由去相信，物种以及物种群先从这个地方，接着又从那个地方，最后终于从全世界逐步地被消灭了。但是在一些极少数的情况当中，因为地峡的断落，而使得大群的新生物侵入邻海中，或者因为一个岛的最后沉陷，灭绝的过程曾经也有可能是非常速度的。不管是单一的物种还是物种的全群，它们延续的期间都非常不相同。有的群，正如同我们所见到的那样，从已知的生命的黎明时代开始，一直延续到现在，而也有些群，在古生代结束之前，就已经灭绝了。好像没有一条固定的法则能够决定任何一个物种或任何一个属可以延续多长的时期。我们有足够的理由去认可，物种全群消灭的过程通常都要比它们的产生过程缓慢很多。假如说它们的出现还有灭绝依据之前所讲的那样，拿着粗细不一样的垂直线来代表的话，就能够观察出，这条表示绝灭进程线的上端出现了变细的情况，要比表示最开始出现以及早期物种数目增多的下端缓慢很多。不过，在有的情况当中，整群的绝灭，比如菊石，在接近第二纪末，曾经很神奇地突然出现了。

之前物种的绝灭曾陷入极度无理的神秘当中。有的著作家甚至去假定，物种就如同个体有一定的寿命一般，也有着一定的存续期间。估计不会有人如我那样，曾对物种的绝灭觉得惊奇。我在拉普拉塔曾在柱牙象和大懒兽还有弓齿兽以及别的一些已经绝灭的怪物的遗骸中发现了一颗马的牙齿。这些怪物在最近的地质时期曾同今日依然生存的贝类一起共存了很久，这个现象着实让我感到震惊不已。为什么我会觉得非常惊异呢？这是因为，自从马被西班牙人引进南美洲之后，就在全南美洲变为野生的，而且还以神奇般的速度扩大了它们的数量。因此我问自己，在这样很明显非常有利的生活条件下，是什么原因会将之前的马在这么近的时代消灭了呢？不过我的惊奇是没有什么依据的。欧文教授很快就看出尽管这牙齿同现存的马齿那么相像，却是属于一个已经绝灭了的马种的，假如这种马到现在还依然存在，仅仅是稀少了些，估计任何博物学者对于它们的稀少也一点都不会觉得惊奇，因为稀少现象是一切地方的一切纲当中的大多数物种的属性。假如我们问自己，为什么这一种物种或者是那一种物种会稀少，那么能够回答，是因为它们的生活条件有一些不利。可是，具体有哪些不利，我们却很难说出来。假设那种化石马到现在依然作为一个稀少的物种而存在着，我们按照同所有别的哺乳动物（甚至包括繁殖率非常像）的类比，还有按照家养马在南美洲的归化历史，一定会觉得它们在更有利的条件当中肯定可以在很少的几年之中遍布整个大陆。可是我们却不能够找出抑制它增加的不利条件有哪些，是因为一种偶然的事故，还是因为几种偶然的事故，我们也无法说出在这种马一生中的什么时候，在什么样的程度上，那些生活条件是如何各自发挥其作用的。假如说那些条件日益变得不利，不管是怎样的缓慢，我们确实无法觉察出这样的事实。可是那种化石马一定会逐渐地减少，直到最后走向绝灭。于是它的地位就会被那些更为成功的竞争者顺利取代。

我们很难常常都记住，每种生物的增加是在不断地经历着无法觉察的敌对作用的抑制的。并且这些无法觉察的作用，完全足够让它们渐渐稀少，直到最后绝灭。

自然选择学说是建立在下面的信念上的：每种新变种到了最后都是每个新物种，因为比它的竞争者拥有着某种优势，于是被产生并且保持下来。并且，比较不利的类型的绝灭，基本上是无法避免的结果。在我们的家养生物当中也存在着相同的情况，假如一个新的稍微改进的变种被培育出来，那么它首先就要排挤掉在它附近的，改进比较少的那些变种。等到它们被大程度改进了的时候，就会如同我们的短角牛那般，被运送到各个地方去，同时在那些地方取代当地的其他品种的地位。这样的话，新类型的出现以及旧类型的消失，不管是自然产生的还是人工产生的，都被连接在了一起。在繁盛的群当中，一定时间中所产生的新物种类型的数量，在有的时期估计要比已经绝灭的旧物种类型的数目要多很多。不过我们也都清楚，物种并非是无限持续地增加的，最起码在最近的地质时期当中是这样的。因此，假如注意一下晚近的时代，大家也就能够去相信，新类型的出现曾经造成了差不多相同数目的旧类型的绝灭。

在每个方面彼此最相像的类型之间，通常情况下竞争也都进行得最为激烈。所以，一个改进了的以及变异了的后代，通常都会招致亲种的绝灭。并且，假如很多的新类型是从随便的一个物种发展而来的，那么这个物种的最近亲缘也就是同属的物种，则最容易遭到绝灭。所以说，正如我所信任的，从一个物种繁衍而来的一些新物种，也就是新属，最终会排挤掉同科中的一个旧属。不过也会多次反复出现这样的情况，那就是某一群的一个新物种夺取了其他群的一个物种的地位，于是招致它的绝灭。假如说很多的近似类型是从成功的侵入者发展而来的，那么势必会有很多的类型要让出它们自己的地位。被灭绝的往往都是近似的类型，由于它们通常都因为共同地遗传了某种劣性而遭到了损害。不过，让位给别的变异了的以及改进了的物种的那些物种，不管是属于同纲还是属于异纲，总还有少数能够保存到一个较为长久的时间，这是由于它们适合一些特别的生活方式，或者是由于它们栖息在远离的以及孤立的地方，正好逃避了那些激烈的竞争。比如，三角蛤属正是第二纪地质层当中的一个贝类的大属，它的有些物种依然残存于澳大利亚的海里，并且硬鳞鱼类这个基本上已经绝灭的大群中极少数的成员，到今天依然栖息于我们的淡水当中。因此就像我们所看到的，一个群的全部绝灭的过程要比它们的产生过程缓慢一些。

有关全科或者是全目的显著的突然绝灭，例如古生代晚期的三叶虫以及第二纪末期的菊石，我们还需要记住，之前已经说过的情况，那就是在连续的地质层之间，基本上间隔着广阔的时间，而在这些间隔时间之中，绝灭估计都是非常缓慢的。此外，假如一个新群当中的很多物种，因为突然的移入，或者是因为异常迅速的发展而占据了一个地区，那么，大部分的旧物种就会以相应的速度快速地走向绝灭。如此让出自己地位的类型，普遍均是那些近似的类型，由于它们同样具有相同的劣性。

所以，在我的观点当中，单一的物种还有物种全群的绝灭方式，同自然选择学说是非常一致的。我们对于物种的绝灭，没必要感到惊异。假如一定要惊异的话，那么还是对我们的自以为是，很多时候总是想象我们非常理解决定每种物种生存的很多复杂的偶然事情，来表示一下惊异吧。每个物种都存在着过度增加的倾向，并且有着我们极少觉察得出来的某种抑止作用的活动，假如我们某一时间里忘记了这一点，那么整个自然组成就会变得完全无法理解。不管是什么时候，假如我们可以明确地说明为什么这个物种个体的数目要比那个物种个体的数目多一些；为什么会是这个物种而不是那个物种可以在某个地方归化。直到到了那个时候，才可以对于我们为什么无法说明任何一个特殊的物种或者是物种群的绝灭，正式地表示惊异。

所有生物的演化几乎同时进行

生物的类型在全世界基本上是在同时发生着变化，任何古生物学的发现极少会有比这个事实更为动人的了。比如，在非常不同的气候当中，尽管没有一块白垩时期的矿物碎块被发现的很多辽远的地方，比如在北美洲，在赤道地带的南美洲还有在火地和好望角，以及在印度半岛，我们欧洲的白垩层都可以被辨识出来。由于在这些辽远的地方，有的岩层中的生物遗骸同白垩层中的生物遗骸表现出显著的相似性。我们所看到的，并不一定就是相同的一个物种，这是因为在有的情况之下没有一个物种是完全相同的，不过它们属于同科、同属以及属的亚属，并且有些情况下只是在非常细微的方面，比如表面上的斑条，拥有非常相像的特性。此外，不曾在欧洲的白垩层里发现的，不过在它的上部要不是下部地质层中出现的一些别的类型，一样出现在这些世界上的辽远地方，有一部分作者曾在俄罗斯、欧洲西部以及北美洲的一些连续的古生代层中注意到生物类型具有相似的平行现象。根据莱尔的意见，欧洲以及北美洲的第三纪沉积物有着相同的现象。就算是完全不顾"旧世界"还有"新世界"所共有的极少量的化石物种，古生代与第三纪时期的历代生物类型的一般平行现象，也依然是非常明显的，并且有的地质层的相互关系也可以轻易地被确定下来。

但是，这些观察均是与世界上的海栖生物有关的。我们还未曾找到充分的资料去确切地判断在辽远地方当中的陆栖生物与淡水生物是不是也同样地出现过平行的变化。我们能够去怀疑它们是不是曾经也如此变化过。假如说将大懒兽、磨齿兽还有长头驼以及弓齿兽等都从拉普拉塔转移到欧洲，却不去说明它们在地质方面的地位，估计不会有人推想它们曾经与所有的依然生存着的海栖贝类一起生存过。不过，由于这些异常的怪物曾与柱牙象还有马一起生存过，因此最起码能够推论它们以前曾在第三纪的某一最近的时期里生存过。

整个世界生物类型的平行演替，对于这个重大的事实，能够用自然选择的学说得到合理的解释。因为新物种对较老的类型占有一定的优势，于是被形成。这些在自己地区中一直居于统治地位的，或者说比别的类型占有一定方面优势的类型，就会产生出最大数量的新变种，也就是我们所说的初期的物种。我们在植物当中能够找到与这个问题有关的一切确切的证据，占有优势的，也就是最普通的并且是分散最广的植物，通常都能够产生出最大数目的新变种。拥有着一定的优势的，变异着的并且是分布比较辽阔的，而且在一定的范围当中已经侵入别的物种领域的物种，很显然毫无疑问是具有最好的机会来进行进一步的分布，同时还能够在新地区产生出新的变种以及物种的那些物种。要决定于意外的偶然事件，而且还要取决于新物种对于自己所必须要经过的每种气候的逐渐驯化。不过，随着时间的推移，占有优势的类型通常都会在分布方面获得成功，然后取得最后的胜利。在分离的大陆上的陆栖生物的分散估计要比连接的海洋中的海栖生物进行得缓慢些。因此我们能够预料到，陆栖生物在进行演替的时候所表现出来的平行现象，它们的程度并没有海栖生物的那么严密，我们所见到的也确实这是这样的。

如此，要我说的话，全世界相同生物类型的平行演替，从广义方面来说，它们的同时演替还有新物种的形成，是因为优势物种的广泛分布以及变异这样的原理非常吻合：如此产生的新物种本身就具有一定的优势，由于它们已经比曾占优势的亲种还有别的物种具有一定的优越性，同时还将进一步地分布、进行变异以及产生新的类型。被击败的还有让位给新的胜利者的那些老的类型，因为共同地遗传了某些劣性，通常都是近似的群。因此，当新的并且是改进了的群分布于全世界时，老的群自然就会从世界上消失。并且，每种类型的演替在最开始出现以及最后消失的方面均是倾向于一致的。

此外，同这个问题相关联的，还有一个值得我们注意的方面。我已经提出了原因表示相信：大部分富含化石的巨大地质层是在沉降的时期沉积下来的。而没有化石的空白并且非常长的间隔，是在海底的静止时，或者是隆起的时候，相同的也在沉积物的沉积速度没能够淹没以及保存生物的遗骸的时候出现的。在那些长久的并且空白间隔的时期里，我想象每个地方的生物都曾经历了相当的变异还有绝灭，并且从世界的别的地方展开了大规模的迁徙。由于我们有理由去相信，广阔的地面曾经遭受过相同运动的影响，因此严格的同一时代的地质层，估计常常是在世界同一部分中的广阔空间之中堆积而来的。不过我们绝没有任何权利去断定这是一成不变的情况，更不可以随意地断定广阔的地面总是不断地会遭受相同运动的影响。当两个地质层在两个地方看起来都基本上是一样的，不过并不完全相同的期间当中沉积下来时，依据之前的章节中所谈到的原因，在这两种情况之下应当看到生物类型中相同的通常的演替。不过物种估计不会是完全统一的，由于对于变异还有绝灭以及迁徙，这个地方可能会比那个地方存在着稍微多一点的时间。

灭绝物种间及与现存物种间的亲缘关系

接下来让我们考察一下绝灭了的物种和现存物种之间的相互亲缘关系。所有的物种都能够归入少数的几个大纲当中。这个事实按照生物由来的原理马上就能够获得解释。不管是什么类型，越古老，那么遵照一般的规律，它同现存类型之间的差异也就越大。不过，根据巴克兰先生在很久之前曾解释说明过的，绝灭物种都能够分类于至今还在生存的群当中，或者分类在这些群之间。绝灭的生物类型能够有助于填满现存的属、科还有目之间的间隔，这确实是真实的。不过，由于这样的说法总是被忽视或者甚至遭到各种否认，因此讨论一下这个问题并举出一些事例，是有一定好处的。假如我们将自己的注意力仅仅局限于同一个纲当中的现存物种或者是绝灭物种身上，那么其系列的完整就远不如将二者结合于一个系统当中。从欧文教授的文章里，我们会不断地遇到概括的类型这样的用语，这是用在绝灭动物身上的；在阿加西斯的文章里面，却用预示型或者是综合型；所有这样的用语所指的类型，实际上均是中间的也就是连接的连锁。还有一位卓越的古生物学者高得利以前也曾用最动人的方式去解释说明他在阿提卡曾经发现过的很多化石哺乳类打破了现存属与属间的间隔。居维叶曾将反刍类与厚皮类一起排列为哺乳动物中最不相同的两个目。可是有这么众多的化石连锁被发掘出来，从而导致欧文不得不改变所有的分类法，而将有些厚皮类同反刍类一同放于同一个亚目中。比如，他按照中间级进，取消了猪和骆驼之间显著的巨大间隔。有蹄类也就是生蹄的四足兽，如今分为双蹄还有单蹄两个部分。不过南美洲的长头驼将这两大部分在一定的程度上连接起来。不会有人会去否认三趾马是位于现存的马与有的较古老的有蹄类型之中的。由热尔韦教授在之前曾命名的南美洲印齿兽，这种物种在哺乳动物的链条中，是一种多么奇异的连锁，它们无法被纳入任何一个现存的目当中。海牛类形成了哺乳动物当中一种非常特殊的群，现存的儒艮还有泣海牛最为明显的特征之一，就是完全没有后肢，甚至就连一点残余的痕迹都没有留下

● 达尔文的画像

来，不过，根据弗劳尔教授的意见，绝灭的海豚们曾经都拥有一个骨化的大腿骨，同骨盆中非常发达的杯状窝连接于一起，于是就会让它们与有蹄的四足兽非常接近了。而海牛类则是在别的一些方面同有蹄类非常相似。鲸鱼类同所有的别的哺乳类大为不同，不过，第三纪的械齿鲸还有鲛齿鲸过去也曾被有些博物学者当作是一目，可是赫胥黎教授却觉得它们毫无疑问属于鲸类，"并且对水栖食肉兽构成了连接的连锁"。

上面所讲的博物学者曾解释说明，甚至鸟类与爬行类之间的广大间隔，出于出乎意料地一方面由鸵鸟与绝灭的始祖鸟，另一方面由恐龙的一种，细颚龙这个品种，如此包含了所有的陆栖爬虫的最大的一类，部分地连接了起来。而那些无脊椎动物，非常权威的巴兰得曾谈到，他每天都能够得到启发，尽管确实能够将古生代当中的动物分类于现存的群当中，不过在那么古老的时代，每个群并没有如同现在一样地，区别得那么清晰。

有一部分作者反对将任何绝灭物种或者是物种群看成是任何两个现存的物种或者是物种群之间的中间物。假如说这个名词的意义意为一个绝灭类型在自己的所有性状方面都是直接介于两个现存类型的群之间的话，这样的反对也许就是正当的。不过在自然的分类当中，很多的化石物种确实是处在现存物种之间，并且有些绝灭属处在现存的属之间，甚至会处在异科的属之间。最常见到的情况好像是（尤其是差别非常大的群，像鱼类还有爬行类），假设它们现在是由 20 个性状去区别的，那么古代成员赖以区别的性状就会比较少，因此这两个群在之前会或多或少地比在现在更为接近一些。

通常情况下大家都相信，类型越发古老，那么它们的有些性状就越可以将现在区别非常大的群连接起来。这样的意见毫无疑问只可以应用于在地质时期的行程中，曾经出现过巨大变化的一些群当中。不过想要去证明这样的主张的正确性，是存在着一定困难的。这主要是因为，甚至是各种现存动物，比如肺鱼，已被发现往往和非常不相同的群有着亲缘关系。可是，假如说我们将古代的爬行类还有两栖类和古代的鱼类还有古代的头足类以及始新世的哺乳类，同各自该纲的较近代成员进行一下比较时，我们就一定会去认可这样的意见确实具有其真实性的。

所有我们所能期望的，只不过那些在已经知道的地质时期里曾经出现过巨大变异的群，应该在比较古老的地质层当中彼此稍微接近一些。因此比较古老的成员要比同群的现存成员在有些性状方面的彼此差异来得少些。按照我们最优秀的古生物学者们的一致证明，情况往往是这样的。

如此，按照伴随着变异的生物由来学说，与绝灭生物类型彼此之间还有它们同现存类型之间的相互亲缘关系有关的一些主要的事实就能够圆满地获得解释，而用别的任何观点是完全无法解释这样的事实的。

每一个时代的动物群从整体方面来看，在性状方面是近乎介于以前的还有以后的动物群之间的，尽管说有的属对于这个规律例外，不过也不足以构成异议去动摇这个说法的真实性。比如，福尔克纳博士曾经将柱牙象与象类的动物依据两种分类法进行了排列，第一个根据它们的互相亲缘，第二个根据它们的生存时代，结果是，两者并不符合，并且具有极端性状的物种，并非最古老的或者是最近代的。具有中间性状的物种也并非一定是属于中间时代的。不过在这种还有在别的类似的情况当中，假如暂时假设物种的第一次出现以及消灭的记录是完全的（并不会存在这样的事），我们就找不到理由去相信连续产生的每种类型一定有相同的存续时间。一个非常古老的类型估计有时比在别的地方后生的类型要存续得更为长久一些，栖息于隔离区域之中的陆栖生物更是这样。试着用小事情去比看大事情，假如将家鸽的主要的现在族与绝灭族依据亲缘的系列进行一个排列，那么这种排列估计就无法和其产出的顺序密切的一致，并且同其消灭的顺序更加难以一致。由于亲种岩鸽到现在依然生存着，很多介于岩鸽以及传书鸽之间的变种却已经绝灭了。在喙长这一主要性状方面站在极端位置的传书鸽，比站在这一系列相反一端的短嘴翻飞鸽发生得要早一些。

来自中间地质层当中的生物遗骸，在一定程度上具有中间的性状，和这样的说法密切相关的有一个事实，那就是所有的古生物学者所主张的，也就是两个连续地质层当中的化石，它们彼此之间的关系远比两个远隔的地质层当中的化石彼此之间的关系更为密切一些。匹克推特曾经列出一个很多人都知道的事例：来自白垩层的几个阶段的生物遗骸通常都是类似的，尽管每个阶段中的物种有一定的不同。不过只是这一事实，因为它的普遍性好像已经动摇了匹克推特教授的物种不会变的想法。只要是清楚地知道地球上现存物种分布的人，对于密切连续的地质层当中不同物种的密切类似性，并不会试图去用古代地域的物理环境保持近乎一致的说法进行解释的。所有的研究者们一定要记牢，生物类型最起码是栖息于海中的生物类型，曾经在全世界几乎同时出现了变化，因此这些变化是在非常不同的气候以及条件下进行的。试着想一想，更新世包含着整个冰期，气候的变化是那么大，可是去看一看海栖生物的物种类型所受到的影响，却是多么小之又小。

密切连续的地质层中的化石遗骸，尽管被排列成不同的物种，不过却密切相似，它们全部的意义按照生物由来学说是非常显著的。由于每个地质层的累积常常会出现中断，同时也由于连续地质层之间存在着长久的空白间隔，就像我在前面的章节中所解释说明过的，我们很显然不可以去期望在任何一个或者是两个地质层当中就找到在这些时期开始以及结束时出现的物种之间的所有的中间变种。不过我们在间隔的时间（假如用年去计量的话，这是非常长久的，假如用地质年代去计量的话却并不长久）之后，应该找到密切近似的类型，也就是有些作者所讲的那些代表种。并且，我们曾经确实找到了。总体而言，就像我们有权利所期望的一般，我们已经找到证据去证明物种类型缓慢的、很难被觉察的变异。

古生物进化情况与现存生物的对比

我们已经看到，已经成熟了的生物的器官的分化以及专业化程度，是它们完善化或高等化程度的最显著表现。我们也曾见到，既然说器官的专业化对于生物来说是有利的，那么自然选择就有让每个生物的体制越加专业化以及完善化的倾向，在一定的意义上，就是让它们越加高等化了。尽管同时自然选择能够放任很多的生物具有简单的以及不改进的器官，帮助去适应简单的生活环境，而且在有的情况之下，甚至会让它们的体制退化或者是简单化，而让那些退化生物可以更好地适应生活的新征程。在还有一种更为普遍的情况当中，新物种变得超越于它们的祖先。由于它们在生存斗争当中必须打败所有和自己进行利益竞争的较老类型，所以我们可以断言，假如始新世的生物同现存的生物在几乎相似的气候下展开竞争，那么前者就会被后者打败甚至是消灭，就像是第二纪的生物要被始新世的生物还有古生代的生物要被第二纪的生物所打败是同一个道理。因此，按照生存竞争当中的这种胜利的基本试验，同时依据器官专业化的标准，根据自然选择的学说，近代类型应该是比古代老的类型更加高等。那么事实真的是如此的吗？大部分的古生物学者估计都会做出肯定的答复，而这样的答复尽管说非常难以证明，但好像必须被看成是正确的。

有的腕足类从非常非常遥远的地质时代以来只出现过轻微的变异，有些陆地的以及淡水的贝类，从我们所能了解的它们第一次出现的时候一直到现在，基本上就保持着相同的状态，可是这些事实对于前面所讲的结论并非有力的异议。就像卡彭特博士一直以来所主张的，有孔类生物的体制甚至从劳伦纪以来就没有出现过进步，不过这并不是无法克服的难点。因为有的生物不得不继续地去适应简单的生活环境，还有什么比低级体制的原生动物可以更好地适于这样的目的吗？假如我的观点将体制的进步看成是一种必不可缺的条件，那么前面所讲的异议对于我的观点就会是致命的打击。再比如，假如说前面所讲的有孔类可以被证明是在劳伦纪开始就存在着的，或者前面所谈到的腕足类是在寒武纪就开始存在着的，那么之前所说的异议对于我的观点来说也存在着致命的打击。这是由于在这样的情况之下，那些生物还没有足够的时间能够发展到当时的标准。不管是进步到任何一定的高度时，按照自然选择这个学说，就不存在依然继续进步的必要了。尽管在每个连续的时代当中，它们一定是会被稍微地改变的，来方便同它们的生活环境所发生的微细变化相适应，来保证它们的地位。之前的异议还与另一个问题有关，那就是我们是不是真的知道这个世界曾经经历了几何年代还有每个种生物类型最开始是出现于什么时候。可是这个问题是非常难以顺利进行讨论的。

从整体方面去看的话，生物的构造是不是在进化，在很多方面都是极为错综复杂的。地质纪录在所有的时代当中都是不完全的，它无法尽量追溯到远古并且没有任何差错地明确指出在已知的世界历史当中，体制曾经极大地进步了。就算是在今天，如果留意一下同纲中的成员，哪些类型应该被排列为最高等的，博物学者们的意见就无法一致。比如，有的人根据板鳃类也就是所讲的鲨鱼类的构造在有的要点方面接近于爬行类，于是就将它们看成是最高等的鱼类。此外还有些人将硬骨鱼类看成是最高等的。硬鳞鱼类介于板鳃类与硬骨鱼类之间。硬骨鱼类现在在数量方面是占优势的，不过以前只有板鳃类还有硬鳞鱼类生存，面对此种情况，按照所选择的高低标准，就能够说鱼类在它的体制方面曾经进步了或者是退化了。试图去比较不同模式的成员在等级方面的高低，好像是没有希望的。谁可以决定乌贼是不是比蜜蜂更加高等呢？伟大的冯贝尔坚定地认为，蜜蜂的体制"实际上要比鱼类的体制更加高等，尽管说这样的昆虫属于另一种模式"。

只需要去看一看有些现存的动物群还有植物群，我们就更可以清楚地去理解这样的困难了。欧洲的生物近年来总用非常之势扩张到新西兰，而且还夺取了那里的很多土著动植物之前所占据的地方，因此我们不得不相信：假如将大不列颠的一切动物以及植物放到新西兰去，很多英国的生物伴着时间的推移估计能够在那里得到彻底的归化，并且还会消灭很多土著的类型。还存在一点就是，以前极少有一种南半球的生物曾于欧洲的随意一个部分变成野生的，按照这样的事实，假如将新西兰的所有生物都放到大不列颠，我们完全能够去怀疑它们之中是不是会有大量的数目可以夺取现在被英国植物以及动物占据着的地方。从这样的观点去看的话，大不列颠的生物在等级方面要比新西兰的生物高出许许多多。但是最熟练的博物学者，按照两地物种的调查，无法预见到这样的结果。

阿加西斯还有一些别的有高度能力的鉴定者均坚定地主张，古代动物和同纲的近代动物的胚胎在一定程度上是类似的，并且绝灭类型在地质方面的演替同现存类型的胚胎发育是接近于平行的。这样的观点和我们的学说非常一致。在接下来的章节当中我将说明成体与胚胎的差别是因为变异在一个不很早的时期发生并在相应的年龄得到遗传的原因。这样的过程，任由胚胎基本上保持不变，并且让成体在连续的世代当中继续不断地增加差异。于是，胚胎好像是被自然界保留下来的一张图画，它描绘着物种之前还没有大量发生变化过的状态。这样的观点也许是正确的，但是也许永远都无法得到证明。比如，最古老的已知哺乳类以及爬行类还有鱼类，均严格地属于自己的本纲，尽管它们之中有些老类型彼此之间的差异比如今同群的典型成员彼此之间的差异要少一些，不过，如果想要找寻具有脊椎动物共同胚胎特性的动物，除非等到在寒武纪地层的最下面发现富有化石的岩床之后，估计是不可能的，不过发现这样的地层的机会是非常稀少的。

第十章
生物的地理分布

关于生物分布情况的解释——>物种单一起源中
心论——>物种传播的方式

关于生物分布情况的解释

在讨论到地球表面生物的分布这个问题的时候，第一件让我们感到非常惊讶的大事，就是每个地方生物的相似和不相似无法从气候以及别的自然地理条件当中获得圆满的答案。近年来几乎所有研究这个问题的学者均得出了这样的结论。只是就美洲的情况来说，基本上就可以证明这个结论的正确性了，因为除了北极还有北温带之外，在所有的学者看来，美洲与欧洲之间的区别，是地理分布上最主要的区别之一。可是，假如说我们在美洲广阔的大陆上旅行，从美国的中部一直到它的最南部，我们会见识到各种各样的自然地理条件，有湿地，有干燥的沙漠，有高山、草原、森林还有沼泽、湖泊以及大河，可以说基本上每种气候条件都包括其中。只要是欧洲有的气候以及自然地理条件，在美洲基本上都能够找出相同的存在。最起码有适宜同一物种生存需要的，极为相似的条件。毋庸置疑，在欧洲能够找出几个小地方，它们的气候比美洲的任何地方都热，不过在这里生存的动物群以及周围地区的动物群并不存在什么区别，因为一群动物仅仅生存于某个稍微特殊的小块地区当中的情况是非常罕见的。尽管欧洲与美洲两地的自然条件总的来说是十分相似的，不过两地的生物非常不同。

在南半球，假如我们将处在纬度 25° 到 35° 之间的澳大利亚、南非洲以及南美洲西部广阔的大陆拿来比较的话，我们就能够看到有些地方在所有的自然条件都非常相似，但是它们动植物群之间的差异程度估计再也没有其他地方能够与这三大洲进行比较了。或者说，我们再将南美洲南纬 35° 以南的生物同南纬 25° 以北的生物拿来作一个比较，两地之间的距离相差 10° 左右，自然条件也非常不一样，但是两地的生物都比气候相似的澳大利亚或者是非洲的生物关系要近得多。我们还能够列出一些海产生物类似的事例来。

一般我们在回顾生物的地理分布的时候，让我们感到惊奇的第二件大事，就是障碍物了。不管是哪一种障碍物，只要可以妨碍生物的自由迁徙，那么对于每个地区生物的差异就存在着十分密切的关系。我们能够从欧洲还有美洲几乎所有的陆相生物的悬殊性状当中发现这一点。但是，在两大洲的北部却是十分例外，那些地方的陆地基本上是相连的，气候只是稍微有一点点差别，北温带的生物能够自由地迁徙，就如同现在北极的生物一般。从处在同一纬度下的澳大利亚、非洲以及南美洲的生物的巨大差异当中，我们能够看到相同的事实。因为这三个地区之间的相互隔离程度可以说已达到极点。在每个大陆上，我们也见到了相同的情形，在巍峨连绵的山脉还有大沙漠，甚至是大河的两边，我们都能够找到不同的生物。非常明显的是，山脉还有沙漠等障碍，并不像海洋隔离大陆那般难以跨越，也不像海洋存在了那么长的时间。因此，同一大陆上生物之间的差异，远比不同大陆上生物之间的差异要小得多。

再来看一下海洋的情况，也存在着相同的规律。南美洲东西两岸的海产生物，除了极少数的贝类、甲壳类还有棘皮动物是两岸共有的之外，其他生物都非常不同。不过京特博士最近提出，在巴拿马地峡两边的鱼类，大概有 30% 是相同的。这个事实让很多博物学家相信，这个地峡在以前曾经是连通的海洋。美洲海岸的西边是一眼看不到边的太平洋，没有一个岛屿能够供迁徙的生物去休息停留，这是又一种障碍物，只要越过大洋，我们就能够遇到太平洋东部每个岛上完全不同的生物群。因此，共有三种不一样的海产动物群系（第一类是南美洲东岸大西洋动物群，还有一种是南美洲西岸太平洋动物群，第三种是太平洋东部诸岛动物群）从最南面一直到最北面，形成气候相似但是彼此相距不太远的平行线。不过，因为无法逾越的障碍物（大陆或者是大洋）的阻隔，此三种动物群系几乎完全不一样。与这些相反的是，假如从太平洋热带部分的东部各个岛朝着西部行进，不仅不会有无法逾越的障碍物，还存在着大量的岛屿能够供生物们停留歇息，或者还会有连绵不断的海岸线，一直绕过半个地球，直达非洲的海岸。在这些无比广阔的空间当中，没有见到完全不同的海产动物群。尽管在前面所讲的美洲东西两岸还有太平洋东部的那些岛上，这三种动物群系当中，仅仅有少数几种共有的海产动物。但

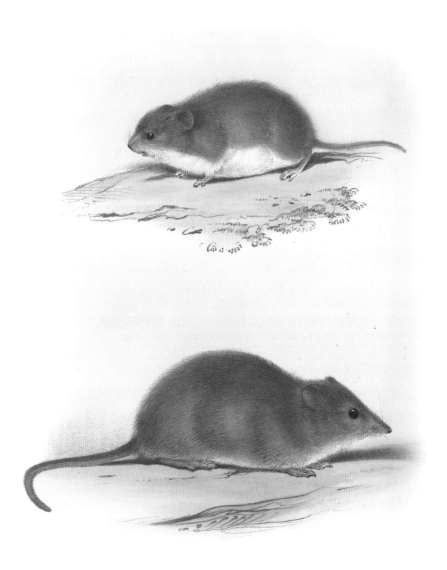

两种啮齿动物

是从太平洋到印度洋，大部分的鱼类是共有的，就算是在几乎相反的子午线上，也就是太平洋东部的那些岛还有非洲东部的海岸，同样存在着大量共有的贝类。

而第三件大事，有的在前面已经谈到，虽然物种类型因地而异，可是同一大陆或者是同一海洋的生物，都具有一定的亲缘关系，这是一个非常普遍的规律，各个大陆上都存在着不计其数的实际例子。比如，一位博物学家在从北朝着南旅行时，无法不被近缘但是又不同物种生物群的顺次更替而感到惊奇。他会听到类似但是完全不属于同种的鸟发出几乎一样的鸣叫声，还能够看到鸟巢的构造十分相似，但绝对不会出现雷同，鸟卵的颜色也有近似不过却完全不同的现象。在靠近麦哲伦海峡的平原上，生活着美洲鸵属的一种鸵鸟，被称为三趾鸵，而北面的拉普拉塔平原上，则生存着同属当中的另一种鸵鸟。这两种鸵鸟和同纬度的非洲以及澳大利亚存在的真正的鸵鸟或者是鸸鹋全都不相同。在拉普拉塔平原上，我们能够见到习性和欧洲的野兔以及家兔差不多的，同样是啮齿目的刺鼠还有绒鼠，它们的构造可以说是最为典型的美洲类型。我们登上高高的科迪勒拉山，能够找到绒鼠的一个高山种。如果我们对流水进行观察，只可以看到南美型的啮齿目的河鼠还有水豚这些生物，但是无法看到海狸或者是麝鼠。我们还能够举出大量类似的例子。假如我们对那些远离美洲海岸的岛屿进行一个考察，不管它们的地质构造之间存在着多么大的差别，它们的生物类型有多么的独特，不过那里的生物都属于美洲型。我们能够去回顾一下过去时代当中出现的情形，就像上一章当中所讲到的，那个时候，在美洲大陆上还有海洋当中，占据优势的物种均为美洲型。我们所见到的这种种现象和时间还有空间以及同一地区当中的海洋以及陆地紧紧地有机地联系在了一起，但是与自然地理条件没有关系。这样的有机联系到底是什么？如果说博物学家并非傻瓜，那么一定会去追究的。

其实这样的联系非常简单，那就是遗传。就像我们的确知道的，只不过是遗传这一个因素就足够去形成彼此非常相像的生物，或者是彼此十分相像的变种。不同地区的生物之间的差别，主要是因为变异与自然选择的作用造成的改变所引起的，还有也有可能是自然地理环境的差别发挥出一定的影响力。不一样的地区生物变异的程度，取决于过去相当长的时期当中，生物的优势类型从一个地方迁徙到另一个地方时遭遇到多少有效的障碍，也取决于一开始迁入者的数目以及性质，同时还取决于生物之间的斗争所引发的，每种变异性质的不同的保存情况。在生存斗争里，生物和生物之间的关系，是所有关系当中最为重要的一种关系，就像我们在前面时常会提到的那般。因为障碍物妨碍生物顺利地进行迁移，所以它就发挥了极为重要的作用，就如同时间对于生物经过自然选择的漫长变异的过程而引起的重要作用一样。只要是分布广的物种，它们的个体数目也就非常多，已经在它们自己扩大的地盘上打败了大量的竞争者。当它们扩张到新的地区的时候，就能够找到最好的机会去夺取新的地盘。它们在新地盘当中会处在新的自然条件之下，时常地出现进一步的变异以及改良。它们将会再次取得胜利，同时繁衍出成群的变异了的后代。按照这样的遗传演化的原理，我们能够理解为什么有的属的部分，甚至是整个的属或者是整个的科，都会仅仅局限于某一地区分布，而这也恰好是普遍存在的大家都知晓的情况。

我们没有证据去证明存在着某种生物演化所不得不遵循的定

律。由于每一个物种的变异都有着自己的独立性，只有在复杂的生存斗争当中，当某种变异对每个个体均有利益的时候，才可能会被自然选择所选择，因此每个物种产生变异的程度并不是相同的。

根据这个观点，同属的物种非常显眼，最开始一定是起源于相同的一个地点。虽然说这些物种现在散居于世界各地，相距非常远，不过它们均是从一个共同的祖先传来的。至于那些经历了整个地质时期却极少会变化的物种，不难相信它们都是从相同的地区当中迁徙来的。因为从远古一直到现在所发生的地理以及气候方面的巨大变化，让任何大规模的迁徙都变成了可能。但是，在大多数别的情况之中，我们完全能够找到理由去相信，同一属的每个物种，是在比较近的时期当中出现的，那么，假如说它们的分布相隔非常远，就很难解释了。一样显著的是，同一物种的每一个体，尽管说现在分布于相隔遥远的地区，不过它们一定是来自自己的父母最开始产生的地方，因为前面已经讨论过，从不同物种的双亲产生出同种的个体是很难让人相信的。

物种单一起源中心论

物种是在地球表面的某一个地方，还是在很多个地方起源的？同一物种是如何从某一个地点迁徙到现在所在的那些遥远并且隔离的地方去的，确实是难以弄清楚的。不过最简单的观点，那就是，每一种物种最开始是在一个地点产生的看法却又最可以让人信服。反对这样的观点的人，也就会反对生物中常有的世代传衍以及之后迁徙的事实，而不得不借助某种神奇的作用去进行解释。人们都认可，在大部分情况之下，一个物种生存的地方总是相连的。假如说有一种植物或者是动物，生存于彼此相距非常远的两个地区，或者说，生存的两个地区之间，隔着很难逾越的障碍时，那就是非常不普通的例外了。陆产哺乳动物不能够越过大海迁徙的情况或许比别的任何生物更加显著，所以，直到目前为止，还未曾发现有同种的哺乳动物分布于世界相距遥远的地方而让我们不能够解释的现象。英国还有欧洲别的地区均存在着一样的四足兽类，有关于这一点，没有一个地质学家认为有什么难以解释的。其缘由在于，英国与欧洲曾经一度是连接于一起的。可是，假如同一个物种可以在两个隔开的地方被产生出来，那么，原因又在哪里，我们在欧洲还有澳大利亚以及南美洲的哺乳动物当中却找不出一种是共有的呢？这三大洲的生活环境可以说基本上是一样的，因此有大量的欧洲的动植物能够迁入美洲和澳大利亚进行驯化。并且，在南北两半球相对比较遥远的地区，也就是南北极的附近，生存着一些完全相同的原始植物。我觉得这答案是，有些植物拥有着很多种传播的方式，能够越过广大的中间隔离地带而进行迁徙，可是哺乳动物无法越过那些障碍得到顺利的迁徙。每种障碍物的巨大并且明显的作用，仅仅会在当障碍物的一边产生出大量的物种却无法迁徙到另一边的时候，才能够清楚地了解。有少数的科还有比较多的亚科以及属还有更多的数量属中的部分物种，均局限于一个地区之中生存。按照几位博物学家的观察，只要是最天然的属，或者是每个物种彼此间关系最为密切的属，它们的分布大部分都局限于同一个区域当中，就算是它们占有广泛的分布区域，那些区域也一定是相连的。假如我们的观察在生物的分类系统中再降低一级，也就是说降低到同一物种中的个体分布时，如果说它们最开始不仅仅是局限于某一个地方出现，而是被什么相反的分布法则所支配着时，那就真的是极端反常的奇怪现象了。

所以说，我的观点与别的大部分博物学家的观点一样，都觉得最有可能的情况是，每个物种最开始仅仅是在一个单独的地方产生，之后再依靠它的迁徙以及生存的能力，在过去以及现在所认可的条件下，从最开始的地方朝外慢慢迁徙。无须怀疑，在大多数的情况之下，我们还无法解释，一个物种是怎么样从一个地方迁徙到另一个地方的。不过，地理以及气象的条件，在最近的地质时期之中，一定出现过变化，这也就会使得大量的物种从前是连续的分布区域破坏为并不连续的了。于是，这就迫使我们考虑，是不是有很多这样例外的连续分布的情况，它们的性质是不是非常严重，以至于能够让我们放弃"物种最开始从一个地方产生，之后尽可能地朝外迁徙"这个十分合理的概念。要想将现在分布于相距遥远而隔离的相同物种的所有例外情况都进行一个讨论，确实是比较难以做到的，而且也十分繁琐，更何况有一些例子我们也无法清楚地解释。

在对这个问题进行讨论的时候，我们还要同时考虑到另一个一样非常重要的问题，那就是根据我们的学说，从一个共同祖先遗传而来的同一属当中的每个物种，是不是都是从某一个地区朝外迁移，而且在迁移的过程中同时又出现了变异呢？假如说某个地区的大部分物种与另一个地区当中的物种，尽管十分相似，却又非常不相同时，我们要是可以证明在过去的某一时期曾经出现过物种从一个地区迁移到另一地区的情况，那么就能够极大地巩固我们"单一地点起源论"的观点了。这是因为，根据遗传演化

的学说，这样的情况能够得到明确的解释。比如，在距大陆几百英里之外的海上，存在着一个隆起的火山岛，经过一定漫长的时间之后，估计会有少数的物种从大陆迁移到岛上去生存。尽管它们的后代已经出现了变异，不过因为遗传的原因，依然与大陆上的物种具有亲缘的关系。这种情形的例子，可以找到很多。假如根据物种独立创生的理论，是解释不通的，这个问题在后面我们还会进行讨论。这个地区的物种与另一个地区物种有一定关系的看法，与华莱斯先生的观点不存在什么不同，他曾经果断地提出："每个物种的产生都应该与过去存在的相似的物种在时间方面以及空间方面相吻合。"现在自然是非常清楚了，在华莱斯先生看来，他所认可的吻合是因为遗传演化导致的。

物种是在一个地方还是在多个地方产生的问题，和另一个类似的问题之间是存在着区别的，这个问题就是：一切同种的个体均是由一对配偶还是由一个雌雄同体的个体遗传繁衍而来的呢？还是如同有些学者想象的那样，是从同时创生出来的很多个体遗传繁衍而来的呢？对于那些从未曾交合的生物（假如这种生物存在的话），每一个物种肯定是从连续变异的变种遗传繁衍而来的。那些变种，彼此之间相互排斥，不过绝不和同种的别的个体或变种的个体互相混合，所以在连续变异的每一个阶段当中，所有同一类型的个体一定是从同一个亲体遗传而来的。不过在大部分情况下，一定得由雌雄两性交配或者是偶然进行杂交来产生新的后代。如此，在同一个地区，同一物种的每个个体会因为相互交配而基本上保持一致。很多的个体能够同时产生变异，并且每一个时期的变异全量不仅仅是来自单一的亲体。

物种起源精译 WUZHONG QIYUAN JINGYI

物种传播的方式

气候的变化，一定会对生物的迁移产生重大的影响，某一个地方，按照现在的气候环境来说，让某些生物迁徙时无法通过，但是在气候和今天不一样的从前的某个时期，或许曾经是生物迁徙的大路。陆地水平面的升降变化，对生物的迁徙一定也会产生重大的影响。比如，现在有一个狭窄的地峡，将两种海相动物群隔离开来，但是一旦这条地峡被海水淹没过，或者说过去的时候已经被海水淹没了，那么两种海产动物群就一定会混合在一起。或者说过去就已经混合过了。现如今海洋所在的地方，在过去的年代很有可能是以陆地的形式存在着，让大陆与海岛连接于一起，那么，陆产生物就能够从一个地方迁徙到另一个地方去了。在现代生物存在的时间当中，陆地水平面曾出现过巨大的变迁，对此没有一位地质学家存在着任何的疑问。在福布斯先生看来，大西洋的所有海岛，在近一段时期当中一定曾与欧洲或者是非洲相连接。相同地，欧洲也曾和美洲相连接。别的学者更是纷纷假定过去每个大洋之间都存在着陆路能够接通，并且几乎每个海岛也都与大陆相连接。假设福布斯的论点是能够相信的话，那就不得不承认，在近期之中，几乎没有一个海岛没有与大陆相连接。这样的观点能够非常干脆利落地解释相同物种分散于非常遥远地区的这一问题，消除了很多的难点。不过，就我所做出的最合理的判断，很难去承认在现代物种存在的期间当中，会出现这么巨大的地理变迁。我的意见是，尽管说我们有大量的证据表示海陆之间的沧桑变化非常大，不过并没有证据能够表明我们每个大陆的位置以及范围能够有如此巨大的变迁，以至于能够让大陆和大陆相连，大陆和海岛相连。我能够爽快地承认，过去确实曾有很多供动植物迁徙时能够歇脚的岛屿，如今已经沉没了。在有珊瑚形成的海洋当中，就有这样的下沉的海岛，上面可有环形的珊瑚礁作为标志。在未来总会有那么一天，"每个物种是从单一源地产生的"这一概念会被人们完全认可，我们也能够更为确切地了解生物传播的方式。到了那个时候我们就能够放心大胆地推测过去大陆的范围了。

如今，我们不得不针对"偶然"的含义来进行一个小小的讨论，或许将它称为"偶然的传播方法"更加恰当一些。在这里，我仅仅谈一谈与植物有关的事。在植物学的著作当中，时常提到不适宜于广泛传播的一些植物，不过完全不了解这些植物经过海洋传播的难易情况。在贝克莱先生耐心地帮助我做了几个试验之前，根本不会知道植物种子对于海水的侵蚀作用有多么大的抵抗力。我意外地发现，在87种植物的种子当中，竟然有64种在盐水中浸泡28天之后依然可以发芽，还有少数的种子在浸泡137天之后依旧可以存活。值得注意的是，有些目的种子，遭到海水的侵蚀比其他的目要严重一些，比如我曾对9种豆科的植物的种子做过试验，仅仅有一种例外，其他的均无法较好地抵抗盐水的侵蚀。和豆科近似的田基麻科还有花葱科的7种植物种子，在经历了一个月盐水的浸泡之后，全都死掉了。为了方便研究，我主要用不带荚的以及果实的小型种子做实验，它们在浸泡数天后，就全都沉到了水底，因此不管它们是不是会遭到海水的侵蚀损害，都无法漂浮着越过广阔的海洋。之后我又试着用一些比较大的有果实以及带荚的种子进行实验，其中有一部分竟然在水面上漂浮了很长的一段时间。我们大家都知道，新鲜木材和干燥木材的浮力存在着极大的差别，我想起，在山洪暴发的时候，经常有带着果实或者荚种的干燥植物或枝条被冲到大海当中。受到这种想法的启发，我将94种带有成熟果实枝条的植物进行了干燥处理，然后放到了海水中去进行实验。结果，大部分的枝条很快就沉到了水底，不过也有一小部分，当果实是新鲜的时候，只可以在水面上漂浮很短的时间，但是在干燥之后，却可以漂浮很长的时间。比如成熟的榛子，进水就会立刻下沉，但是干燥后，却能够漂浮90天，将它们种在土当中还可以继续发芽。带有成熟浆果的天门冬还在新鲜的时候可以漂浮23天，等到干燥后漂浮85天之后，依然可以发芽。刚成熟的苦荬菜的种子，浸泡在水中两天后就会沉入水底，但是干燥后基本上可以漂浮90天左右，并且以后还能够发芽。总计这94种干燥的植物当中，有18种能够在海面上漂浮28天左右，其中包括能够漂浮更长时间的几种。在87种植物的种子里面，有64种在海水中浸泡了28天之后，依然保存发芽繁殖的能力。在与前面所讲的实验的物种不完全相同的另一个实验当中，94种成熟果实的植物种子经过了干燥之后，有18种能够在海水中漂浮28天以上。所以说，假如按照这些不多的实验我们能够做出什么推论的话，那就是：不管是在什么地区的植物种子，有14%的部分能在海水中漂浮28天后，依然保持着发芽的能力。在约翰斯顿的《自然地理地图集》当中，有几个地方标着大西洋海流的平均速度，是每昼夜33英里，有的海流的速度能够高达每昼夜60英里。以海流的平均速度计算的话，某个地区的植物种子在进入海洋之后，就可能会有14%的部分漂过924英里的海面，到达另一地区中。在搁浅之后，假如有朝着陆地吹的风将它们带到适宜的地点，就能够有机会发芽成长。

有些情况下，植物的种子还需要依靠其他方法进行传播。漂流的木材时常会被波浪冲到很多海岛上，甚至会被冲到最广阔的大洋中心的岛屿上。太平洋珊瑚岛上的土著居民专程会从这种漂流植物的根部去搜集所挟带的石块去做工具，这种石块竟成了贵重的皇家税品。我发现有些不规则形状的石块卡在了树根的中间时，石子与树根之间的小缝隙里时常会挟带着小块的泥土，填充得极为严密，尽管经过了海上的长途漂流，也不会被冲掉一点儿。曾有一棵生长了50年的橡树，它的根部有完全密封的小块泥土，取出来之后，有三棵双子叶的植物种子发出了芽，我确信这个观察是十分靠谱的。我还能够说明，漂浮于海上的鸟类尸体，有些情况下没有立刻被其他动物吃掉，这些死鸟的嗉囊当中也许会有很多类型植物的种子，长期保持着发芽的活力。比如，只要将豌豆与巢菜的种子在海水中浸泡几天就会死去，可是如果将它们吞食到鸽子的嗉囊当中，再将死鸽放于人工的海水中浸泡30天，然后取出嗉囊当中的种子，让我觉得非常惊奇的是，这些种子基本上全部都可以发芽。

　　活着的鸟类是传播种子最有效果的一种动物。此外，就像我们所知道的，冰山有时挟带着泥土还有石头，甚至会挟带着树枝以及骸骨还有陆栖鸟类的巢等。不用质疑，就像莱尔所提到的那样，在北极还有南极地区，冰山偶尔也会将植物的种子从一个地方运到另一个地方去。而在冰河时代，就算是现代的温带地区，也会有冰川将种子从一个地方运到另一个地方中去。亚速尔群岛上的植物和欧洲大陆植物的共同性，要比别的大西洋上更为接近欧洲大陆的岛屿上的植物，和欧洲植物的共同性多一些。引用华生先生的话来说就是：根据纬度进行比较，亚速尔群岛的植物便显出了比较多北方植物的特征。我做一个推断，亚速尔群岛上有一部分植物的种子，是在冰河时期，经过冰山带去的。我曾请莱尔爵士写信给哈通先生，去询问他在亚速尔群岛上是不是曾见到过漂石，他回答说曾经见到过花岗岩与别的岩石的巨大碎块，并且这些岩石是该群岛之前所没有的。所以说，我们能够稳妥地去推测，之前的冰山将所负载的岩石带到这个大洋中心的群岛上时，最起码也将少数的北方植物的种子带到了这里。

　　详细考虑前面所讲的各种传播方式以及有待发现的别的传播方式，年复一年地经过了多少万年的连续作用，我想如果很多植物的种子没有用这些方式去广泛地传播开来，那倒真的算是怪事了。人有时候会觉得这些传播的方式是非常偶然的，真的是不够确切。洋流的方向并非是偶然的，定期信风的风向也并非偶然的。人们应该能够观察到，任何一种传播的方式都难以将种子散布到非常远的地方，因为种子在海水的长期作用下，会失去它们发芽的活力，种子也无法在鸟类的嗉囊或者是肠道中耽搁得太久。不过，利用这些传播的方式，已足可以让种子通过几百英里宽的海洋，或者是从一个海岛传播于另一个海岛，或者从一个大陆上传播到附近的海岛上，只是无法从一个大陆传播到距离非常遥远的另一个大陆上去罢了。距离非常遥远的大陆上的植物群，不会由于这些传播而相互混合，它们将与现在一样，各自保持着自己独有的状态。从海流的方向能够知道，种子不会从北美洲带到英国，但是能够从西印度将种子带到英国的西海岸，只不过，那种子就算是没有因为长期被海水浸泡而死去，也不一定能够忍耐得住欧洲的气候。几乎每年都会有一两只陆鸟，从北美洲伴着风越过大西洋，来到爱尔兰或者是英格兰的西部海岸。可是仅仅有一个方法能够让这种稀有的漂泊者传播种子，那就是粘附于它们喙上或爪上的泥土中，这是十分罕见相当偶然的情况。并且，面对这样的情况时，要让种子落于适宜的土地上，生长到成熟，其中的机会又是多么的小啊！不过，假如如大不列颠那种生物繁盛的岛在最近的几百年当中已知没有因偶然的传播方式从欧洲大陆或者是别的大陆上迁来植物（这样的事情很难去证明），于是就会觉得那些缺乏生物的贫瘠的海岛，离大陆要更远一些，也无法去用相似的方法传播移居的植物时，那就更是错上加错了。假如有 100 种植物种子或者是动物移居到一个海岛上之后，虽然说这个岛上的生物远远没有不列颠中的那般繁茂，并且可以适应新家园，能够被驯化的仅仅是一个物种。不过在悠久的地质时期当中，假如那个海岛正在升起，而且岛上还没有繁多的生物，那么这种偶然的传播方法所产生的效果，就无法去没有根据地进行否认。在一个几乎接近于不毛之地的岛上，极少会有或者说根本就没有害虫或者是鸟类，几乎每一粒偶然落到这里来的种子，只要具有适宜的气候，就会有发芽以及生存下去的可能。

第十一章
生物的地理分布（续前）

淡水物种的分布——＞海岛上的物种——＞海岛生
物与最邻近大陆上生物的关系

淡水物种的分布

由于湖泊与河流系统被陆地障碍物所隔开，因此估计会想到淡水生物在同一地区当中分布的范围不会很广，又由于海是更为难以克服的障碍物，因此估计会想到淡水生物不会扩张到遥远的地方。可是真正的情况正好相反。不仅属于不同纲的很多淡水物种有很广阔的分布范围，而且近似物种也以惊人的方式遍布于世界各地。我依然清晰地记得，当第一次在巴西的各种淡水中采集生物时，对于那些地方的淡水昆虫、贝类等和大不列颠的非常相似，并且周围陆栖的生物和大不列颠的非常不相似，让我觉得十分震惊。

不过，有关淡水生物广为分布的能力，我估计在大部分的情况之下能够做这样的解释：它们用一种对自己有利的方式发展变化得适合于在它们自己的地区当中从一个池塘，从一条河流到另一条河流，时常进行短距离的迁徙。凭借着这种短距离迁徙的能力而发展为广阔的地理分布，可以说这几乎就是必然的结果。我们在这里只能简单谈一谈少数的几个例子。其中最不容易解释的，就是鱼类。之前相信同一个淡水物种永远不会在两个彼此之间相距非常远的大陆上生存着。可是京特博士最近解释说明了，南乳鱼就曾栖息于塔斯马尼亚、新西兰以及福克兰岛还有南美洲大陆。这算是一个非常奇特的例子，它估计能够表示在以前的一个温暖时间当中，这种鱼从南极的中心朝外分布的情况。不过因为这一属的物种也可以用某种未知的方法渡过距离非常广阔的大洋，因此京特的例子在一定程度上也不算是稀奇的了。比如，新西兰与奥克兰诸岛之间相距差不多230英里，不过两地却都有一个共同的物种。在相同的一个大陆上，淡水鱼往往有很广阔的分布范围，并且还变化莫测，在两个相邻的河流系统当中有些物种是相同的，不过有的却完全不相同。

淡水鱼类估计因为大家所说的意外方法而偶然地被输送了出去。比如，鱼被旋风卷起落于遥远的地点依然是活的，并不是什么稀奇少见的现象，而且我们也知道，卵从水里取出来以后，经过非常长的时间还可以保持它们的活力。就算是真的出现了这样的情况，它们的分布主要还要归因于在最近时期当中陆地水平的变化而让河流得以彼此流通的原因。此外，河流彼此相流通的事也发生于洪水期中，这里并未出现陆地水平的变化。大部分的连续山脉自古以来就一定完全阻碍两侧河流汇合在一起，两侧鱼类的大不相同也导致了相同的结论。有些淡水鱼属于很古老的类型，而当出现了此种情况的时候，对于巨大的地理变化就有充分的时间，于是也就有了充分的时间还有方法去进行大规模的迁徙。还有，京特博士近来按照几种考察，推论出鱼类可以长时间地保持同一的类型。假如对于咸水鱼类给予小心的处理，它们就可以渐渐地习惯于淡水生活；根据法伦西奈所给出的意见，基本上没有一种鱼，它的所有成员都只在淡水当中生活，因此属于淡水群的海栖物种能够沿着海岸游得非常远，而且变得更为适应远地的淡水，估计也不是非常困难的。

有关植物，很早之前就已知道许多淡水的，甚至是沼泽的物种，分布得非常遥远，在大陆上而且是在最遥远的海洋岛上，均是这个样子的。依据德康多尔的见解，含有极为少量的水栖成员的陆栖植物的大群明显地表现出这样的情况。它们好像因为水栖就马上获得了非常广阔的分布范围。我觉得，这个事实能够由有利的分布方法得到有力的说明。我之前谈到过，少量的泥土有时会附着于鸟类的脚上以及喙上。涉禽类时常徘徊于池塘的污泥边缘，假如它们突然受惊飞起，那么脚上非常有可能携带着泥土。这种目的鸟比任何别的目的鸟漫游的范围更为广阔，有时候它们会去到最遥远的以及不毛的海洋岛上。它们估计不会降落于海面上，因此，它们脚上的任何泥土就不至于会被冲掉。等它们到达陆地之后，它们一定会飞到属于自己的天然的淡水栖息地中去。我不认为植物学者可以体会到在池塘的泥当中含有多么数量极大的种子。我曾经做过几个小试验，不过在这里仅仅可以举出一个最动人的例子。我在 2 月的时候，分别从一个小池塘边的水下于3 个不同的地点取了 3 调羹的污泥，然后等到干燥以后，仅仅有六又四分之三盎司重。我将它们盖起来，在我的书房里静置了 6个月，当每一植株长出来的时候，将它们拔出来并进行了计算。

这些植物属于许多的种类，合计有537株，并且那块黏软的污泥在一个早餐杯当中就能够盛下了。想到这些事实，我觉得，假如水鸟未将淡水植物的种子输送到遥远地并且没有生长植物的池塘还有河流中去，倒会成为无法解释的事情了。这相同的媒介对于有些小型的淡水动物的卵估计也会有一定作用的。

别的未知的媒介估计也发生过作用。我曾经谈到过淡水鱼类吃有些种类的种子，尽管它们吞下很多其他的种子之后还会再吐出来，甚至小的鱼也会吞下相当大的种子，比如黄睡莲还有眼子菜属这些生物的种子。鹭鸶还有其他种群的鸟，一个世纪又一个世纪地天天在吃鱼，吃过鱼之后，它们就会飞起，同时还会走到其他的水中，或者是被风吹过海面。而且我们还知道，在很多个小时之后伴着粪便排出的种子依然拥有着发芽的能力。之前当我见到那些精致的莲花们的大型种子，又想起来德康多尔有关这种植物分布的意见时，我觉得，它们的分布方式一定是无法理解的。不过奥杜旁说，他在鹭鸶的胃当中找到过南方莲花（依据胡克博士的意见，估计是大型的北美黄莲花类）的种子。这些鸟一定是经常在胃里装满食物之后又飞到远方的池塘中，然后再次饱餐一顿鱼，类推的方法让我相信，它们一定会将适于发芽状态的种子在成团的粪便里排出来。

当对这几种分布的方法进行考察时，一定要牢记，一个池塘或者是一条河流，比如，在一个隆起的小岛上最开始形成时，其中是不存在生物的。于是一粒单个的种子或者是卵，将会成功地获得良好的生存机会。在同一池塘当中的生物之间，不论是生物种类如何少，总存在着生存斗争，但是就算是充满生物的池塘的物种数目，同生活于相同面积的陆地上的物种数目进行比较，前者的数目总是较少的。因此，它们之间的竞争比起陆栖物种之间的竞争，较为不够激烈，于是外来的水生生物的侵入者在获得新的位置方面比陆上的移居者有较好的机会。我们还需要牢记，很多淡水生物在自然系统上是非常级的，并且我们也有理由去相信，这样的生物比高等的生物变异起来要慢很多。这也就让水栖物种的迁徙拥有了足够的时间。我们一定不能忘记，很多的淡水类型之前估计曾经连续地分布于广阔的面积当中，后来在中间地点绝灭了。不过淡水植物还有低等动物，不管它们是不是保持同一类型或者是在某种程度方面出现了变化，它们的分布很明显主要依靠动物，尤其是依靠飞翔力较强的，而且是自然地从这一片水域飞翔到另一片水域的淡水鸟类，将它们的种子以及卵广泛地散布开去。

海岛上的物种

不仅是同一物种的所有个体都是由某个地区迁徙而来的，并且，现在栖息于最遥远地点的近似物种，也均是由单一地区，也就是它们早期祖先的诞生地区迁徙而来的。照着这个观点，我之前曾选出与分布的最大难题有关的三种事实，现在对其中的最后一种事实进行一个讨论。我已经列出我的理由去说明我不承认在现存物种的时间当中，大陆上曾出现过这么庞大规模的扩展，而导致这个大洋中的所有岛屿都曾因此而充满了现在的陆栖生物。这个观点消除了许多的困难，不过同有关岛屿生物的所有事实均不相符合。在下面的讨论当中，我将不仅仅局限在讨论分布的问题方面，同时还要讨论一下与独立创造学说以及伴随着变异的生物由来学说的真实性有关的一些别的情况。

栖息于海洋岛上的所有类别的物种，在数量方面和相同大小的大陆面积的物种进行比较的话，是非常稀少的。德康多尔在植物方面，沃拉斯顿在昆虫方面，都认可了这个事实。比如，有高峻的山岳以及多种多样地形的，并且南北达 780 英里的新西兰，再加上外围诸岛奥克兰、坎贝尔以及查塔姆等，一共也不过仅仅存在着 960 种显花植物。假如我们将这种不算大的数目同繁生于澳大利亚西南部或好望角的相同面积上的物种进行一下比较，我们就不得不承认，有某种和不同物理条件没有关系的原因，曾经导致了物种数目方面出现了这么巨大的差异。就算是条件一致的剑桥，也具有 847 种植物，盎格尔西小岛拥有着 764 种，不过有一些蕨类植物以及引进植物也同样包括于这些数目当中，并且从别的方面讲的话，这个比较也并不是非常合理。我们有证据能够说阿森松这个不毛岛屿原本仅存在着不到 6 种显花植物，不过现在拥有很多的物种已在那些地方归化了，就如同很多的植物在新西兰以及每一个别的能够举出的海洋岛上归化的情况一样。在圣海伦那那个地方，有理由去相信归化的植物以及动物已经基本上消灭了，或者是完全消灭了很多的本地生物。谁认可每个物种都是分别创造的学说，就不得不认可有足够大量数目的最适应的植物以及动物并非专为海洋岛创造的。这是因为，人类曾经无意识地让那些岛充满了生物，在这方面他们远比自然做得更为充分也更为完善一些。

尽管说海洋岛上的物种数目非常少，不过特有的种类（也就是在世界上别的地方找不到的种类）的比例往往是非常大的。比如，假如我们将马德拉岛上特有的陆栖贝类，或者是加拉帕戈斯群岛上特有的鸟类的数目同任何一种大陆上找到的它们的数目进行比较，之后将这些岛屿的面积同大陆的面积也进行一下比较，我们就会发现这是千真万确的。这样的事实在理论上是能够预料得到的，因为，就像之前已经说明过的，物种经过长时间的间隔期间之后，偶然到达一个新的隔离地带，就一定会同新的同住者展开竞争，非常容易出现变异，而且往往会容易产生出成群的发生了变异的后代。不过，绝不可以因为一个岛上的一纲的物种基本上是特殊的，就认定别的纲的所有物种或同纲当中的别的部分的物种也一定是特殊的。此种不同，好像一部分因为没有变化的物种曾经集体地移入，因此它们彼此之间的相互关系没能遭到多么大的干扰。还有一部分因为没有变化过的物种时常从原产地移入，岛上的生物同它们进行了一定的杂交。需要牢记的是，如此杂交之后，后代的活力一定会得到增强，因此甚至是一个偶然的杂交也会产生出比预料更大的效果来。我愿列出几个例子来对上面所讲的论点加以说明。在加拉帕戈斯群岛上，有 26 种陆栖鸟，其中有 21（也有可能是 23）种是特殊的，而在 11 种海鸟当中仅仅有两种是特殊的。非常显著的是，海鸟比陆栖鸟可以更为容易地也更为经常性地到达这些岛上。除了上述的以外，百慕大同北美洲的距离，就如同加拉帕戈斯群岛与南美洲之间的距离基本上是一样的，并且百慕大拥有着一种非常特殊的土壤，不过它并没有一种特有的陆栖鸟。我们从琼斯先生曾经所写的有关百慕大的值得称赞的报告中可以知道，有大量的北美洲的鸟类偶然地或者是经常地去到那个岛上，按照哈考特先生曾经对我说过的，基本上每年都有大量的欧洲的以及非洲的鸟类被风吹了了马德拉。这个岛屿上有 99 种鸟栖息着，而其中仅仅有一种是特殊的，尽管它同欧洲的一个类型有着密切的关系。三个或者是四个别的物种只发现于这一岛屿以及加那利群岛。因此，百慕大还有马德拉的诸岛，充满了从邻近大陆飞来的各种鸟。那些鸟在很长的年代以来，曾在那里进行过很多的斗争，而且变得相互适应了。所以，定居于新的环境之中后，每一种类将被别的种类维持于它的适宜地点以及习性当中，那么其结果就不容易出现变化了。不管是哪种变异的倾向，还会因为通常从原产地来的未曾变异过的移入者进行杂交而遭到抑制。还有，马德拉栖息着的特殊陆栖贝类数目多到让人震惊，不过没有一种海栖贝类是这儿的海洋所特有的。现在，尽管我们并不知道海栖贝类是如何分布的，但是我们可以知道它们的卵或者是幼虫附着于海藻或者是漂浮的木材上，要不就是涉禽类的脚上，就可以输送到三四百英里的海洋，在这个方面，它们要比陆栖贝类容易得多。栖息于马德拉的不同目的昆虫表现出基本上一致的平行的情况。海洋岛上有些时候缺少一些整个纲的动物，它们的位置被别的纲所占领着。于是，爬行类在加拉帕戈斯群岛，巨大的无翼鸟在新西兰，就占有了或者是最近占有了哺乳类的位置。

　　有关海洋岛的生物，还有很多值得注意的小事情。比如，在并不存在一只哺乳动物栖息的一些岛上，有的本地的特有植物拥有着奇妙的带钩种子，不过，钩的作用是用来将种子由四足兽的毛或者是毛皮带走，没有比这种关系更为显著的了。不过，带钩的种子估计也能够由别的方法被带到其他的岛上去。那么也就是说，那种植物通过变异就变成了本地的特有物种了，它依然保持着自己的钩，这钩就会成为一种没有用处的附属物，就好比很多岛上的昆虫，在它们愈合的翅鞘之下依然存在着皱缩的翅。此外，岛上时常生有树木或者是灌木，它们所属的目在别的一些地方只包括草本物种，而树木，根据德康多尔所解释说明过的，不论是什么样的原因，通常情况下分布的范围都是有限的。所以，树木很少会到达遥远的海洋岛中。草本植物没有机会可以同生长于大陆上的很多充分发展的树木成功地展开竞争，所以草本植物只要定居于岛上，就会因为生长得越来越高大，而且高出别的草本植物而占有一定的优势。在这种情况之中，不论植物属于哪一目，自然选择都会有增加它的高度的倾向，这样就能够让它先变为灌木，接着变为乔木。

海岛生物与最邻近大陆上生物的关系

对我们而言，最为生动并且最为重要的事实是，栖息于岛上的物种和最近大陆的相近但是并不实际相同的物种之间具有一定的亲缘关系。有关这一点，可以列出大量的例子来。位于赤道处的加拉帕戈斯群岛，距离南美洲的海岸有 500 到 600 英里的距离。在那个地方基本上每一个陆上的以及水里的生物都带着十分显著的美洲大陆的印记。在那里存在着 26 种陆栖鸟，其中有 21 种或者是 23 种被列为不同的物种，并在过去它们都被假设为是在那些群岛上被创造出来的。不过那些鸟的大部分和美洲物种的密切亲缘关系，表现于每一个性状之上，比如表现于它们的习性以及姿势还有鸣声方面。别的一些动物同样如此。胡克博士在他所著的该群岛的值得称颂的植物志当中，大多数的植物也是如此。博物学者们在离开大陆几百英里之外的这些太平洋火山岛上进行对生物的观察时，能够感到自己是站在美洲大陆上一般。为什么会出现这样的情况呢？为什么假设在加拉帕戈斯群岛创造出来的并非在别的地方创造出来的物种，这么清楚地与在美洲创造出来的物种存在着亲缘关系呢？在生活条件方面，以及岛上的地质性质方面，还有岛的高度或者是气候这些方面，要不就是在共同居住的几个纲的比例方面，都没有一方面是同南美洲沿岸的那些条件所密切相似的。事实上，在所有这些方面均存在着非常大的区别。还有一方面，加拉帕戈斯群岛与佛得角群岛在土壤的火山性质还有气候和高度以及岛的大小方面有着一定程度上的类似。不过，它们的生物是那么的完全地与绝对地不相同！佛得角群岛的生物和非洲的生物有一定的关联性，就如同加拉帕戈斯群岛的生物和美洲的生物之间存在着关联性一样。对于这样的情况，依照独立创造的普遍观点，是无法得出任何解释的。相反地，按照本书所主张的观点，很明显地，加拉帕戈斯群岛极有可能接受了来自美洲的移住者，不管这是因为偶然的输送方式还是因为之前连续的陆地（尽管我不相信这样的理论），并且佛得角群岛也接受从非洲过来的移住者。尽管这样的移住者非常容易出现一些变异，而遗传的原理也会泄露它们的原产地原来是在什么地方。

可以列出大量类似的事实，岛上的特有生物和最近大陆上或者是最近大岛上的生物具有一定的关联关系，其实是一个极为普遍的规律。特例是极少数的，而且大多数的例外是能得到解释的。如此，尽管克格伦陆地距离非洲比距离美洲的距离要近一些，不过我们从胡克博士的报告当中能够知道，它之上的植物和美洲的植物具有关联性，而且这种关联性还非常密切。不过按照岛上植物主要是借由定期的海水漂来的冰山将种子连着泥土与石块一起带来的观点看，这样的例外就能够得到合理的解释了。新西兰在本地特有的植物方面和最近的澳大利亚大陆之间的关联性，比起它同别的地区之间的关联性更为密切。这基本上是能够预料得到的，不过它又清楚地同南美洲相关联。虽然说南美洲算是它第二个最近的大陆，但是距离那么遥远，因此这些事实就成为例外了。不过按照下面所讲的观点去看的话，这个难点有一部分会消失了。那就是新西兰、南美洲以及别的南方陆地的一部分生物是由一个近于中间的，尽管遥远的地点，也就是南极诸岛而来的，那是在比较温暖的第三纪以及最后的冰期开始之前，南极诸岛还生满植物的时期。虽然说澳大利亚西南角以及好望角的植物群的亲缘关系是比较薄弱的，不过胡克博士让我坚定地相信这样的亲缘关系是可靠的，这是更值得我们注意的情况。不过这样的亲缘关系也仅仅限于植物之间，而且丝毫不用去怀疑，在将来一定能够得到合理的解释。

决定岛屿生物与最近大陆生物之间的亲缘关系的相同法则，有些情况下能够用小规模的，不过还是有趣的方式，在同一个群岛的范围之中表现出来。比如，在加拉帕戈斯群岛的每一个分隔开的岛上都存在着很多不同的物种在上面栖息着，这是非常神奇的现象。不过这些物种彼此之间的关联，比它们同美洲大陆的生物或者是同世界上别的地区的生物之间的关联更为密切一些。这估计是能够预料得到的。因为彼此如此接近的岛屿，基本上一定会从相同的根源去接受移住者，也彼此地接受移住者。不过很多移住者在彼此相望的，同时具有相同地质性质以及相同高度以及相同的气候等方面的一些岛上，为什么会出现不同的（尽管差别并不大）变异呢？在很长的一段时间以来，这对我来说一直是个难点。不过这主要是因为觉得一个地区的物理条件是最为重要的这种根深蒂固的错误观点而导致的。不过，无法反驳的是，每个物种一定会同其他的物种进行斗争，于是别的物种的性质最起码也是同等重要的。而且通常都是更为重要的成功因素。如今，假如我们对栖息于加拉帕戈斯群岛同时还出现在世界上别的地方的一些物种进行观察的话，我们就能够发现它们在一些岛上存在着相当大的差异。假如岛屿生物曾借助偶然的输送方法而来，比如说，一种植物的种子曾经被带到一个岛上，还有一种植物的种子曾经被带到另一个岛上，尽管所有的种子都是从同一个根源而来的，于是前面所讲的差异就确实是能够预料得到的。所以，一种移住者在之前的时间当中，最开始在诸岛中的一个岛上定居下来时，或者它们之后从一个岛上散布于另一个岛上时，毫无疑问它们会面临着不同岛上的不同条件。因为它一定是要同一批不同的生物进行生存斗争的。比如说，一种植物在不同的岛上会遭遇到最适于它们的土地，已被很多不同的物种占领了，而且还会遭到不计其数的不同的敌人的竞争与攻击。假如在那个时候，这个物种已经出现变异了，自然选择估计就会在不同的岛上造成不同变种的产生。就算是这样，有的物种还会散布开去，而且在整个群中保持相同的性状，就像我们看到的，在一个大陆上广泛分布着的物种保持着相同的性状一样。

在加拉帕戈斯群岛的这种情况当中，还有在程度比较差一些的某种类似的情况之下，真正神奇的事实是，每一个新物种不论是在哪一个岛上，一旦形成之后，并不会迅速地散布到别的岛上。不过，这些岛尽管彼此之间相望，却被非常深的海湾隔开，在大部分的情况之下比不列颠海峡还要宽很多，而且也没有理由

DISCOURS
SUR
LES RÉVOLUTIONS
DE LA SURFACE DU GLOBE,
ET SUR LES CHANGEMENS QU'ELLES ONT PRODUITS
DANS LE RÈGNE ANIMAL;
PAR M. LE BARON G. CUVIER,

TROISIÈME ÉDITION FRANÇAISE.

A PARIS,
CHEZ G. DUFOUR ET ED. D'OCAGNE,
LIBRAIRES-ÉDITEURS, QUAI VOLTAIRE, N° 13;
ET A AMSTERDAM,
MÊME MAISON DE COMMERCE.
1825.

● 法国动物学家和古生物学家乔治斯·卡维尔（1763-1832）在国立自然历史博物馆演讲，他介绍了一个重要的理念：物种会灭绝。

去设想它们在任何以前的时期当中是连续地连接于一起的。在诸多岛之间，海流是迅速的也是湍急的，大风意外的稀少，因此各个岛彼此之间的分离，远比地图上所表示出来的更为明显。即使是我们所说的样子，有的物种还有在世界别的部分能够找到的以及现在这群岛上发现的一些物种，是一部分岛屿所共有的。我们按照它们现在分布的状态能够去推断出，它们是从一个岛上散布到别的岛上的。不过，我觉得，我们常常对于密切近似物种在自由往来的时候，就存在着彼此侵占对方领土的可能性一直都采取了错误的观点。无须怀疑，假如一个物种比别的物种占有任何方面的优势，它们就能够在很短的时间当中全部地或局部地将它排挤掉。不过假如二者可以同样好地适应它们的位置，那么两者估计就都能够保持它们各自的位置，一直到几乎任何长的时间。经过人的媒介而逐渐归化的很多物种，以前曾以惊人的速度在广大的地区当中进行散布，如果了解了这样的事实，我们就能够容易地推想到大部分的物种也是如此散布的。不过我们还需要记住，在新地区归化的物种和本地生物通常并不是密切近似的，反而是非常不相同的类型，就像德康多尔所解释说明过的，在大部分的情况下是属于不同的属的。在加拉帕戈斯群岛，甚至大量的鸟类，就算是那么适于从一个岛飞到另一个岛，可是在不同的岛上依然是不相同的。比如，效舌鸫这种生物有三个密切近似的物种，每个物种都只局限于自己所生存的岛上。现在，让我们设想一下查塔姆岛的效舌鸫被风吹到查理士岛上了，而后者本身已经有了另一种效舌鸫。为什么它应该成功地在那里定居呢？我们能够去稳妥地进行一个推论，查理士岛上已经繁生着属于自己的物种，由于每年都有比可以养育的量更多的蛋产生出来，同时也有更多的幼鸟被孵化出来。而且我们还能够去推论，查理士岛所特有的效舌鸫对于自身家乡的良好适应就如同查塔姆岛所特有的物种们一样。莱尔爵士还有沃拉斯顿先生曾经写信和我讨论过一个同本问题有关的值得注意的事实，那就是马德拉与附近的圣港小岛拥有着有很多不同的还表现为代表物种的陆栖贝类，其中有一部分是生活于石缝当中的。尽管有大量的石块每年从圣港输送至马德拉，但是马德拉附近并没有圣港的物种被移住进来。即使是这样，两方面的岛上都有欧洲的陆栖贝类栖息着，那些贝类毫无疑问比本地物种更加占有一定程度上的优势。按照这些考察，我觉得，我们对有关加拉帕戈斯群岛的一些岛上所特有的物种并未从一个岛上散布到别的岛上去的事情，就没必要再去大惊小怪了。此外，在相同的一个大陆上，"先行占据"对于阻止在相同物理环境之中栖息的不同地区的物种混入，估计有着非常重要的作用。比如，澳大利亚的东南部与西南部拥有着几乎相同的物理条件，而且由一片连续的陆地联络着，不过它们存在着庞大数量的不同哺乳类，还有不同的鸟类以及植物在之上栖息着。按照贝茨先生所讲的，栖息于巨大的、开阔的、连续的亚马孙谷地的蝴蝶以及别的动物们的情况同样是这样的。

我们还需要牢记，在所有的纲当中，很多属的起源均是非常古老的，在出现这样的情景的时候，物种将有足够多的时间供它们进行散布以及此后的变异。从地质的证据来看的话，也能找到理由去相信，在每一个大的纲当中，比较低等的一些生物的变化速率，比起比较高等的生物的变化速率来说，更加缓慢一些。于是前者就会有分布得广阔而辽远，同时还保持了同一物种性状的较好机会。这样的事实还有大部分的低级体制类型的种子与卵都非常细小，而且也较适于远地输送的事实，基本上说明了一个法则，那就是任何群的生物越是低级，就分布得越为广远。这是一个早已经被发现的而且近来又经德康多尔在植物方面讨论过的法则。

刚刚讨论过的生物之间的各种关系，也就是低等生物比高等生物的分布更为广阔辽远。分布范围那么大的属，它的某些物种的分布同样是非常广阔辽远的高山上的，湖泊里的以及沼泽中的生物，通常都和栖息于周围低地以及干地上的生物有一定的关联。岛上还有最近的大陆上的生物之间，具有明显的关系，在相同的群岛中，各个岛上的不同生物之间有着更为密切的亲缘关系。依照每个物种独立被创造的普通论断，这些事实均为无法得到解释的事实，不过假如我们承认从最近的或者是最便利的原产地的移居还有移居者之后对于它们的新环境的适应来看，那么就能够得到解释了。

第十二章
生物的相互亲缘关系

群里有群

　　从地球历史上最为古老的时代开始以来，已经发现生物彼此之间相似的程度在渐渐地递减，因此它们能够在群下又分出群。这样的分类并不是如同在星座中进行星体的分类那般的随意。假如说某个群完全地适合栖息于陆地上面，但是另一个群则完全适合栖息于水中，一个群完全适合食肉生存，但是另一个群完全适合食植物性物质来生存等，那么，群的存在就变得极为简单了。可是实际情况与这些大不相同。由于大家都知道，就算是同一亚群当中的成员，也具有并不相同的习性，这样的现象是多么普遍地存在着。在讨论"变异"还有"自然选择"的时候，我就曾试图解释说明，在每个地区当中，变异最多的，就是分布最广的、散布最大的那些非常普通的物种，也就是优势的物种。因此而产生的变种也就是初期的物种，最后能够转化为新并且不同的物种。而且这些物种，遵循遗传的原理，有产生别的新的优势物种的倾向。最后，如今的大群通常都含有很多的优势物种，依然有继续增大的倾向。我还试图去进一步解释说明，因为每一物种的变化着的后代都试着在自然组成中占据尽可能多以及尽可能不同的位置，它们永远都存在着性状分歧的倾向。如果你注意一下任何一个小地区当中的类型繁多，竞争激烈还有有关归化的一些事实，就能够知道性状的分歧是有依据的。

我曾经还想要解释说明，在数量方面增加着的，在性状方面分歧着的类型，有一种坚定的倾向，去排挤并且消灭之前的那些分歧较少以及改进较少的类型。如果读者能够去参阅之前解释过的，用来说明这几个原理的作用的那个图解（在本书第 75 页——编者注），就能够看到不能避免的结果是，来自同一个祖先的出现了变异的后代在群下又分裂为群。在图解当中，顶线上的每一个字母都代表一个包括几个物种的属，而且这条顶线上的所有的属一起形成了一个纲，由于所有的均为从同一个古代祖先繁衍而来的，因此它们遗传了一些共同的东西。不过，根据这样的原理，左边的三个属有大量的共同之处，形成一个亚科，同右边相邻的两个属所形成的亚科不一样，它们是在系统为第五个阶段从一个共同的祖先分歧出来的。这五个属依然存在着大量的共同点，尽管比在两个亚科中的共同点少一些。它们组成一个科，和更右边的，更早一些时候分歧出来的那三个属所形成的科不一样。所有的这些属都是从（A）传

物种起源精译 WUZHONG QIYUAN JINGYI

下来的，组成了一个目，同从（Ⅰ）传下来的属是不一样的。因此在这里，我们有从一个祖先传下来的很多物种组成了属。属组成了亚科还有科以及目，这所有的都归入同一个大纲当中。生物在群下又分成群的自然从属关系，这个伟大事实（这因为看习惯了，并没有时常引起我们特别的注意），在我看来，是能够如此解释的。完全没有必要去怀疑，生物同所有别的物体一样，能够用大量的方法去分类，或者按照单一的性状人为地去分类，或者按照很多性状而比较自然地去分类。比如，我们知道矿物与元素的物质是能够如此安排的。在这种情况之下，很显然并不存在族系连续的关系。现在也无法看出它们被这样分类的原因。不过有关生物，情况就有所不同，而前面所讲的观点，是和群下有群的自然排列相一致的，直到现在依然未曾提出过别的解释。

分类规则及何物具有分类价值

现在让我们来考虑一下分类的时候所采用的规则，同时也考虑一下根据下面的观点所遇到的困难。这个观点就是，分类或者显示了某种我们尚未知道的创造计划，或者只是一种简单的方案，用来表明普遍的命题还有将彼此最相似的类型归结于一起，估计曾经觉得（古代就是如此认为的）决定生活习性的那些构造部分，还有每个生物在自然组成当中的普遍位置，对于分类来说具有非常高度的重要性。没有比这样的想法更为错误的了。没有人会觉得老鼠与鼩鼱之间，儒艮与鲸鱼之间，鲸鱼与鱼之间的外在类似有任何的重要性。那些类似，尽管是如此密切地和生物的所有生活都连接在一起，不过也只是被列为"适应的或同功的性状"。有关这些类似的状况，我们会在后面进行详细的讨论。不管是哪一部分的体制，和特殊习性的关联越少，那么它在分类方面也就越加重要，这甚至能够说是一个普遍的规律。比如，欧文在谈到儒艮时讲道："生殖器官作为同动物的习性以及食物关系最少的器官，我一直觉得它们最能够清楚地表示出真实的亲缘关系。在这些器官的变异当中，我们极少可能将只是适应的性状误认为是主要的性状。"对于植物，最不重要的是营养和生命所依赖的营养器官，而相反地，最重要的却是生殖器官还有它们的产物种子以及胚胎，这是非常值得我们注意的。相同地，在之前我们讨论机能方面不重要的一些形态的性状时，我们注意到它们时常在分类方面存在着极高度的重要性。这取决于它们的性状在很多近似群中的稳定性。而它们的稳定性主要因为任何细小的偏差并没能够被自然选择保存下来，并且累积起来。自然选择只会对有用的性状发挥其作用。

　　一种器官的单纯生理方面的重要性并不能决定它在分类方面所具有的价值，下面的事实基本上证明了这一点，那就是在近似的群当中，尽管我们有理由去设想，相同的一个器官具有几乎相同的生理方面的价值，不过它在分类方面的价值完全不相同。假如一位博物学者长期对某一个群进行研究，没有人不会被这个事实所打动的。而且几乎每一位著作者的著作里都充分地肯定了这一事实。这里仅仅引述最高权威罗伯特·布朗的话就足够了。他在谈到山龙眼科当中的一些器官时讲到，它们在属方面的重要性，"如同它们的全部器官一样，不只是在这一科中，并且据我所知，在每一个自然的科当中都是非常不相等的，同时，在有些时候，好像还完全消失了"。此外，他在另一部著作中还讲道，牛栓藤科当中的各属"在一个子房或者是多个子房上，在胚乳的有无方面，还有在花蕾里花瓣做覆瓦状或者是锯合状方面均是不同的。这些性状当中，不管是哪一种，单独拿出来讲时，它的重要性往往都在属以上，可是合在一起讲的时候，它们甚至不足以拿来区别纳斯蒂属与牛栓藤（Connarus）"。举一个昆虫当中的例子：在膜翅目中的一个大支群当中，按韦斯特伍德所讲的，触角是最稳定的构造。而在另一支群当中，则差别非常大，并且这种差别在分类方面仅仅有非常次要的价值。可是没有人会说，在同一目的两个支群当中，触角具有不相同的生理重要性。同一群生物的同一重要器官，在分类方面会有不同的重要性，有关这方面的例子数不胜数。

还有，没有人会说，残迹器官在生理方面或者是生活方面有高度的重要性。但是毫无疑问，这样状态的器官，在分类方面往往存在着非常大的价值。没有人会去反对幼小反刍类上颚中的残迹齿还有腿上的一些残迹骨骼在显示反刍类与厚皮类互相间的密切亲缘关系方面是非常有用的。布朗之前曾大力主张，残迹小花的位置在禾本科草类的分类方面具有极端高度的重要性。

有关那些必须被看成是生理上非常不重要的，不过又被普遍认为是在整个群的定义方面具有高度作用的一小部分所显示出来的性状，能够列出无数的事例。比如，从鼻孔到口腔是不是存在着一个通道，根据欧文的意见，这是唯一的一个区别鱼类与爬行类的显著性状，有袋类的下颚角度的变化，昆虫翅膀的折叠状态，有些藻类表现出来的颜色，禾本科草类的花在每个部位上的细毛，脊椎动物中的真皮覆盖物（比如毛或者是羽毛）的性质。假如鸭嘴兽身上覆盖着的是羽毛而并非毛的话，那么这种不被重视的外部性状就会被博物学者看成是在决定这种奇怪的生物和鸟的亲缘关系的程度方面是一种重要的帮助。一些细小的性状，在分类方面的重要性，主要取决于它们和很多别的或多或少重要的性状之间的关系。性状总体的价值，在博物学者们眼里的确是非常明显的。所以，就像我们时常会指出来的，一个物种能够在几种性状方面，不管它具有生理方面的高度重要性还是具有几乎普遍的优势，不管是在哪方面同它的近似物种有所区别，不过对于它应该排列在什么位置，我们丝毫没有疑问。所以，我们也已经知道，按照任何一种单独的性状去分类，不论这种性状是多么重要，终归是要失败的。因为体制方面没有一个部分是永久稳定着的。性状总体上的重要性，甚至是当其中找不出一个性状是重要的时候，也能够单独地说明林奈所解释说明的格言，并不能说是性状产生属，相反是属产生了性状。由于这句格言好像是以大量轻微的类似之点，很难明确地表示为根据的。全虎尾科的一些植物具有完全的以及退化的花。有关后者，朱西厄曾讲到，"物种、属、科、纲当中所固有的性状，绝大多数都已经消失了，这是对我们的分类的一种嘲笑"。当斯克巴属在法国，几年的时间里只产生出这些退化的花，并且和这一目的固有模式在构造的很多最重要的方面是那么惊人的不合时，朱西厄讲到，里查德曾经很聪明地发现了这一属还应该保留于全虎尾科当中。这一个例子极好地说明了我们分类的精神。

事实上，当博物学者们开展分类工作时，对于确定一个群的或者是排列任何特殊的物种所用的性状时，并没有注意到它们的生理价值。假如说他们找到了一种基本上接近于一致的，为大量的类型所共有的，并且不为别的类型所共有的性状，他们就将它当成一个具有高度价值的性状去应用，假如只是为少数的类型所共有，那么他们就将它当成是具有次等价值的性状去加以应用。有的博物学者很清楚地主张这是正确的原则，而且谁也没有如同卓越的植物学者圣·提雷尔那样去明确地提出这种主张。假如发现几种微小的性状总是结合地出现，尽管说它们之间并没有发现非常明显的联系纽带，但是也会给它们加上特殊的价值。在大部分的动物群当中，重要的器官，比如压送血液的器官或是输送空气给血液的器官，或者是繁殖种族的那些器官，假如说是基本上一致的，那么它们在分类方面就会被认作是具有高度作用的。不过在一些群当中，所有这些最重要的生活器官却只可以提供非常次要价值的性状。如此，就像米勒近来提出的，在相同的一个群的甲壳类当中，海萤类通常都具有心脏，但是两个密切近似的属，那就是贝水蚤属以及离角蜂虻属，都不存在这样的器官。海萤的某一物种具备着非常发达的鳃，但是另一个物种没有生鳃。

物种的血统分类

不过我不得不更加充分地来解释说明一下我的个人意见。我相信每个纲当中的群，依据适当的从属关系以及相互关系的排列，一定是严格系统的才可以达到自然的分类。不过有些分支或者是群，虽然和共同祖先血统关系的近似程度是一样的，可是因为它们所经历的变异程度不一样，所以它们之间的差异量存在着很大的区别。自然系统就像是一个宗谱一般，在排列方面是根据系统的。不过不同群所曾经历的一些变异量，就不得不用下面的方法去表示，那就是将它们列于不同的所谓属、亚科、科还有部以及目和纲当中。

列出一个语言的例子来帮助我们对这种分类的观点进行一个说明，是有一定意义的。假如我们拥有人类的完整的谱系，那么人种的系统的排列就会对如今全世界所用的各种各样的不同语言提供出最好的分类。假如将所有的现在不用的语言还有所有的中间性质的以及逐渐变化着的方言也包括在其中，那么此种类型的排列将是唯一有可能的分类。可是某些古代语言估计改变得非常少，而且产生的新语言也是少量的，而别的古代语言因为同宗的各族在散布、隔离以及文化状态方面的关系曾经出现过很大的改变，于是产生了很多新的方言还有语言。同一语系的一些语言之间的每种程度上的差异，一定要用群下有群的分类方法去表示。不过正当的甚至是唯一应该有的排列，还是系统的排列。这会是严格并且自然的。由于它按照最密切的亲缘关系将古代的以及现代的所有语言连接在了一起，而且还表明每一种语言的分支以及起源。

对于自然环境之中的物种，事实上每一位博物学者都已按照血统进行了分类。由于他们将两性都包括于最低的单位中，也就是物种当中，而两性有些情况下在最重要的性状方面表现出多么巨大的差异，这是每一位博物学者都清楚的。有的蔓足类的雄性成体与雌雄同体的个体之间，基本上没有任何的共同之处，但是没有人试图想要将它们分开。三个兰科植物的类型也就是和尚兰还有神奇的蝇兰以及须蕊柱，在之前它们就被列成三个不同的属，只要一发现它们有些时候会在同一植株上被产生出来时，它们就会马上被看成是变种。而如今我可以明确地表明它们是同一物种的雄者、雌者以及雌雄同体者。博物学者将相同的一个体的每种不同的幼体阶段均包括于同一物种当中，不论它们彼此之间的差异还有和成体之间的差异有多么大，斯登斯特鲁普曾经所讲

● 托马斯·亨利·赫胥黎（1825-1895），达尔文的朋友和进化论最杰出的代表。

的，所谓交替的世代也是这样的，它们仅仅是在学术的意义上才会被认为属于同一个体。博物学者们还将畸形以及变种归于同一物种当中，这并不是因为它们和亲类型部分类似，而是因为它们均为从亲类型传下来的。

由于血统被普遍地用来将相同物种的个体分类于一起，尽管雄性的、雌性的还有幼体有些情况下极为不相同，还因为血统曾被用来对出现过一定量的变异还有有时出现过相当大量变异的变种进行分类，难道说，血统这同一因素，不曾无意识地被用来将物种集合为属，将属集合为更高的群，将所有都集合于自然系统之下吗？我认定它已被无意识地应用了。更何况只有如此，我们才可以理解我们最优秀的分类学者所采用的一些规则以及指南。由于我们没有记载下来的宗谱，于是我们就不得不由随便哪一个种类的相似之点去追寻血统的共同性。因此我们才会去选择那些在每个物种最近所处的生活条件当中，最不容易出现变化的那些性状。从这种观点来看的话，残迹器官和体制的别的一些部位，在分类方面是相同地适用的，有的情况下甚至更为适用一些。我们不用去考虑一种性状是多么的微小，比如颚的角度的大小，昆虫翅膀折叠的方式以及皮肤被覆着的毛或者是羽毛，假如说它们在大多数不同的物种当中，特别是在生活习性极为不相同的物种当中，均为普遍存在着的话，那么它们就获得了高度的价值。由于我们只可以用来自一个共同祖先的遗传，来解释它们为什么存在于习性这么不同的，这般众多的类型当中。假如只是按照构造方面的单独各点，我们就可能在这方面犯错误，可是当很多个就算是多么不重要的性状，同时存在于习性不同的一大群生物当中时，从进化学说的角度来看，我们基本上都能够肯定那些性状是从共同的祖先遗传而来的。还有，我们也都知道这些集合的性状，在分类方面是存在着特殊价值的。

我们可以理解，为什么一个物种或者是一个物种群能够在若干最重要的性状方面离开它的近似物种，但是又可以依然稳妥地和它们分类于一起。其实仅仅需要拥有足够数目的性状，就算是它们是多么的不重要，泄露了血统共同性的潜在纽带，就能够稳妥地进行这种类型的分类，并且往往都是这么做的。就算是两个类型之间并不存在一个性状是共同的，不过，假如说这些极端的类型之间存在着大量的中间群的连锁，将它们连接于一起，那么我们就能够立刻推论出它们的血统的共同性，同时将它们全部置于同一个纲当中去。因为我们发现，在生理方面具有高度重要性的器官，也就是在最不相同的生存环境之中用来保存生命的器官，通常情况下都是最为稳定的。因此我们给予它们以极为特殊的价值。不过，假如说这些相同的器官在其他的一个群或者是一个群的另一部分当中，被发现存在着非常大的差异，那么我们就能够马上在分类中将它们的价值降低。我们很快就会看到，为什么胚胎的性状在分类方面具有如此高度的重要性。地理分布有些情况下在大属的分类当中也能够有效地应用，由于栖息在任何不同地区以及孤立地区的同属的所有物种，估计均为从同一祖先繁衍遗传而来的。

连接生物亲缘关系的性质

大属当中的优势物种出现了变异的后代，存在着承继一些优越性的倾向，这种优越性曾经让它们所属的群变得巨大，同时还让它们的父母占有优势，所以它们几乎肯定地会广泛地散布，同时自然

组成中获得日益增多的地方。每一个纲当中较大的以及较占优势的群，因此也就有了继续增大的倾向。最后它们会将大量较小的以及比较弱的群排挤掉。于是，我们就可以解释所有现代的以及绝灭的生物被包括在少数的大目还有更少数的纲的事实。存在着一个惊人的事实，能够解释得清楚明白，比较高级的群在数量方面上是多么少，但是它们在整个世界的散布却又是多么广泛。澳大利亚被发现后，从未增加过可立一个新纲的昆虫，而且在植物界方面，依照我从胡克博士那儿获得的资料，也仅仅增加了两三个小科。

沃特豪斯先生曾指出，当一个动物群的成员和一个非常不同的群表现出具有亲缘关系时，那么这种亲缘关系在大部分情况下均为一般的，并不会是特殊的。比如，根据沃特豪斯先生提出的意见，在所有的啮齿类中，哗鼠和有袋类的关系最为接近。不过在它与这个"目"接近的一些点当中，它的关系是很一般的，那就是说，并未和任何一个有袋类的物种十分接近。由于亲缘关系的一些点被认可是真实的，不仅仅是适应性的，根据我们的观点，它们就必须归因于共同祖先的遗传，因此我们必须假定，或者说，所有的啮齿类包括哗鼠在其中，从某种古代的有袋类分支出来，而这种古代的有袋类在与所有的现存的有袋类的关系当中，当然会具有中间的性状。或者说，啮齿类与有袋类二者都从一个共同的祖先处分支出来，而且两者之后在不同的方向上都出现过大量的变异。不管是按照哪一种观点，我们都必须假定哗鼠经过遗传比别的啮齿类曾经保存下更多的古代祖先性状。因此它们不会和任何一个现存的有袋类十分有关系。不过，因为部分地保存了它们共同祖先的性状，或者是这一群的某一些早期成员的性状，而间接地和所有的或者说甚至是所有的有袋类有关系。再有一方面就是，根据沃特豪斯先生所指出的，在所有的有袋类当中，袋熊并非和啮齿类的任何一个物种相类似，而是同整个的啮齿目最相类似。不过，在这样的情况之下，还能够猜测这种类似仅仅是同功的，因为袋熊已经适应像啮齿类那般的习性。老德康多尔在不同科的植物当中曾做过几乎相似的观察。

按照由一个共同祖先传下来的物种，在性状方面的增多以及逐渐分歧的原理，同时根据它们通过遗传保存若干共同性状的事实，我们就可以理解为什么同一科或者是更高级的群的成员均是由非常复杂的辐射形的亲缘关系彼此连接于一起的。由于通过绝灭而分裂为不同群以及亚群的整个科的共同祖先将会将它的某些性状通过不同的方式以及不同程度上的变化，遗传于所有的物种。于是它们就会由各种不同长度的，迂回的亲缘关系线（就像在时时被我们提起的那个图解中所见到的一样）彼此关联起来，经过大量的祖先而上升。因为，就算是依靠系统树的帮助，也很难可以轻易地示明任何古代贵族家庭的无数亲属之间的血统关系。并且，不依靠这种帮助又几乎无法示明那种关系，因此我们就可以理解下面所要讲到的情况：博物学者们在一个相同大小的自然纲当中，已经看出很多现存成员与绝灭成员之间存在着各式各样的亲缘关系，但是在没有图解的帮助下，想要对这些关系进行描述，存在着非常大的困难。

物种灭绝与种群定义

绝灭，在规定和扩大每一纲里的若干群之间的距离方面，具有非常重要的作用。如此，我们就能够按照下面所讲的信念去解

释整个纲中彼此界限分明的缘由了。比如，鸟类和所有别的脊椎动物之间的界限。这个信念就是，很多的古代生物类型已完全灭绝，但是这些类型的远祖曾将鸟类的早期祖先同当时比较不分化的别的脊椎动物连接于一起。不过，曾将鱼类与两栖类一度连接起来的生物类型的绝灭就会少很多。在有些整个纲当中，绝灭得更少。比如甲壳类，由于在这里，最奇异不同的类型依然能够由一条长的，并且仅仅是部分断落的亲缘关系的连锁连接于一起。绝灭只可以让群的界限更加分明，它绝无法制造出群。因为，假如曾经在这个地球上生活过的每一个类型都突然重新出现了，就算是不可能给每一个群带来明显的分别，进行区别，不过一个自然的分类或者最起码一个自然的排列，还是存在着可能性的。我们参考图解，就能够理解这一点。从 A 到 L 能够代表志留纪时期的 11 个属，其中有的已经产生出变异了的后代的大群，它们的每一枝与亚枝的连锁到如今仍然存在着，这些连锁并没有比现存变种之间的连锁更大一些。在这样的情况当中，就非常不可能下定义，将几个群的一些成员同它们更为直接的祖先与后代区别开来。不过图解上的排列还是有效的，而且还是自然的。这是由于，依照遗传的原理，比如说，只要是从 A 传下来的所有的类型都有着一些共同的点。就像是在一棵树上我们可以区别出这一枝与那一枝，尽管在实际的分叉上，那两枝是连合的而且融合于一起的。按我所说过的，我们无法划清若干群的界限，不过我们可以选出代表每一群的大部分性状的模式或者是类型，不管那个群是大的还是小的。如此对于它们之间的差别的价值就呈现出一个一般的概念。假如我们曾经成功地搜集了曾在所有的时间以及所有的空间生活过的任何一个纲的所有类型，那么就是我们不得

物种起源精译 WUZHONG QIYUAN JINGYI

不遵循的方法。当然，我们永远无法完成这样完全的搜集。虽然说是这个样子的，在有些纲当中我们正在朝着这个目标进行。爱德华兹近来在一篇写得非常不错的论文当中强调指出，采用模式的高度重要性，不管我们可不可以将这些模式所隶属的群彼此分开，同时划出界限。

最后，我们已经见识到伴着生存斗争而来的，而且几乎无法避免地在任何亲种的后代当中引起绝灭以及性状分歧的自然选择，解释了所有生物的亲缘关系中的那个巨大而普遍的特点，那就是它们在群之下还存在着群。我们拿着血统这个要素将两性的个体与所有年龄的个体分类于一个物种之下，尽管它们估计仅仅有少数的性状是一样的，我们用血统对于已知的变种进行分类，不论它们和它们的亲体间存在着多么大的不同。我认为血统这个要素就是博物学者在"自然系统"这个术语之下所追求的那个隐藏着的联系纽带。自然系统，在它被完成的范围之中，它的排列是系统的，并且它的差异程度是用属、科、目等来进行表示的，按照这个概念，我们就可以理解我们在分类中不得不遵循的规则。我们能够去理解，为什么我们将有些类似的价值估计得远在别的类似之上，为什么我们要拿着残迹的没有用的器官或者是生理方面重要性非常小的器官，为什么在查寻一个群和另一个群的关系中，我们会很快地排弃同功的或者是适应的性状，但是在同一群的范围之中又会去用这些性状。我们可以清楚地发现所有现存的类型与绝灭的类型怎样就可以归入少数的几个大纲当中，而同一纲中的一些成员又是如何由最复杂的，放射状的亲缘关系线连接于一起。我们估计永远都无法去解开任何一个纲的成员之间那些错综复杂的亲缘关系网。不过，假如我们在观念中能有一个明确的目标，并且不去祈求那些未知的创造计划，那么我们就能够希望获得确实的，尽管是缓慢的进步。

赫克尔教授近来在他的《普通形态学》（还有别的一些著作当中），运用他的广博知识以及才能去讨论他所提出的系统发生，也就是所有的生物的血统线。在描绘几个系统的时候，他主要根据胚胎的性状，不过也会借助于同源的器官以及残迹器官还有各种生物类型在地层当中最开始出现的连续时期。于是，他勇敢地迈出了伟大的第一步，而且也向我们表明了今后应该怎么样去处理分类。

胚胎学中的法则、原理及问题解释

在整个博物学当中，这是一个最为重要的学科。每一个人都清楚昆虫变态通常都是由少数几个阶段突然地完成的。不过实际上却有大量的逐渐的尽管是隐蔽的转化过程。就像卢伯克爵士所解释说明的，某种蜉蝣类的昆虫在产生的过程中要蜕皮20次还多，每一次蜕皮都会出现一定量的变异。在这个例子当中，我们可以发现，变态的动作是以原始的，缓慢而逐渐的方式去完成的。很多的昆虫，尤其是某些甲壳类的昆虫，向我们解释说明，在发生过程中，所完成的构造变化是多么奇妙。但是这类变化在有些下等动物的所谓世代交替当中达到了最高峰。比如，有一个很奇怪的事实，那就是一种精致的分支的珊瑚形动物，长着水螅体，而且还固着在海底的岩石上。它一开始由芽生，接着由横向分裂，产生出漂浮的巨大水母群，然后这些水母产生卵，再从卵孵化出浮游的十分细微的动物，它们附着于岩石上，发育成分枝的珊瑚形动物。如此一直无止境地循环下去。觉得世代交替的过程与一般的变态过程基本上是相同的信念，已被瓦格纳的发现极大地加强了。他发现有一种蚊也就是瘿蚊，它们的幼虫或者是蛆，由无性生殖产生出别的幼虫，那些别的幼虫到最后就会发育为成熟的雄虫还有雌虫，再以常见的方式由卵繁殖它们的种类。

　　需要我们注意的是，当瓦格纳的卓越发现一开始宣布的时候，人们问我，对于这样的蚊的幼虫获得无性生殖的能力，应该怎样去解释呢？只要这种情况是唯一的一个，那么就提不出任何的解答。不过格里姆曾经解释说明过，还有一种蚊，那就是摇蚊，几乎是以相同的方式进行着生殖，而且他相信这样的方法通常都出现在这一目当中。这种蚊有此种能力的是蛹，而并非幼虫。格里姆还进一步解释说明，这个例子在一定程度上"将瘿蚊和介壳虫科的单性生殖联系起来"。单性生殖这个术语代表着介壳虫科的成熟的雌者没有必要和雄者进行交配就可以产生出可育的卵。现在知道，几个纲当中的一些动物在异常早的龄期就有通常生殖的能力。我们只要从逐渐的步骤将单性的生殖推到越来越早的龄期，摇蚊所代表的恰好就是中间的阶段，也就是蛹的阶段，也许就可以解释瘿的奇怪的情况了。

　　已经讨论过，相同的一个个体的不同部分，在早期胚胎阶段完全相似，在成体状态中才会变得大不相同，而且用于完全不同的目的。同样也曾经解释说明，同一纲当中的最不相同的物种的胚胎通常都是密切相似的，不过当充分发育之后，就会变得完全不一样了。要证明最后谈到的这个事实，再找不出比冯贝尔的叙述更优秀的了。他说，"哺乳类、鸟类、蜥蜴类、蛇类，估计还包括龟类在内的胚胎，在它们最开始的状态当中，整个的还有它们各部分的发育方式，彼此之间都非常相似。它们是如此的相似，事实上我们仅仅可以从它们的大小方面去区别那些胚胎。我有两种浸在酒精里的小胚胎，我忘记将它们的名称贴上，到了现在我就无法正确地说出它们哪个是属于哪一纲了。它们也许是蜥蜴或者是小鸟，或者是非常幼小的哺乳动物。那些动物的头还有躯干的形成方式，是那么的全然相像。不过这些胚胎还未出现四肢。可是，就算是在发育的最开始的阶段假如存在着四肢，我们也一样无法去知道些什么。查找原因在于，蜥蜴与哺乳类的脚，还有鸟类的翅以及脚，和人类的手还有脚都一样，均为从同一基本类型中发生而来的。"

　　同一纲当中，存在着很大不同的动物的胚胎在构造方面彼此相似的每个点，常常和它们的生存条件之间不存在直接关系。比如说，在脊椎动物的胚胎当中，鳃裂附近的动脉有一个特殊的弧状构造，我们可以去设想，这样的构造和在母体子宫当中获得营养的幼小哺乳动物，还有在巢中孵化出来的鸟卵，以及在水中的蛙卵所处在的类似的生活条件有一定的关系。我们没有理由去相信这样的关系，就如同我们没有理由去相信人的手还有蝙蝠的翅膀，以及海豚的鳍内相似的骨是和相似的生活环境有关系的。没有人会去设想幼小狮子的条纹或者是幼小黑鸫鸟的斑点对于这些动物来说能有什么作用。

　　不过，在胚胎生涯中的任何一个阶段，假如说一种动物是活动的，并且还必须为自己找寻食物，那么情况就有所不同了。活动的时期能够发生于生命中的较早期或者是较晚期。不过不论它发生于什么时期，只要幼体对于生活环境的适应，就能够和成体动物一样完善以及美妙。这是以什么样的重要的方式进行的呢？近来，卢伯克爵士已经很好地为我们说明了。他是根据它们的生活习性论述了非常不同的"目"当中，一些昆虫的幼虫的密切相似性还有同一目中别的昆虫的幼虫的不相似性来说明的。因为这类的适应，近似动物的幼体的相似性有些情况下就大大的不明确，尤其是在发育的不同阶段发生分工的现象时更是这样。比如，同一幼体，在某个阶段不得不去找寻食物，而在另一阶段，又不得不去找寻附着的地方。甚至能够举出这样的例子，那就是近似物种或者是物种群的幼体，彼此之间的差异要高于成体很多。但是，在大部分的时候，尽管是活动着的幼体，而且还或多或少地密切地遵循着胚胎相似的通常法则。蔓足类提供了一个这类的良好例子。就算是名声显赫的居维叶也没能看出藤壶属于一种甲壳类。不过只要看一下幼虫，就可以准确无误地知道它属于甲壳类。蔓足类的两个主要部分也是如此，那就是有柄蔓足类与无柄蔓足类尽管在外表方面极为不相同，但是它们的幼虫在所有的阶段当中区分非常少。

胚胎在发育的过程中，它们的体制也通常都会有所提高。尽管我知道几乎不可能明白地确定什么是比较高级的体制，什么是比较低级的体制，不过我还要使用这个说法。估计没有人会去反对蝴蝶比毛虫更为高级，但是，在某些情况之中，成体动物在等级方面必须被认为低于幼虫，比如有的一些寄生的甲壳类就是这样的。再来看一看蔓足类：在第一阶段中的幼虫存在着三对运动器官，还有一个简单的单眼以及一个吻状的嘴，它们用嘴大量地捕食，这是因为它们要大大地增加自己的体积。到第二阶段的时候，相当于蝶类的蛹期，它们有着六对构造精致的游泳腿，一对巨大的复眼以及极其复杂的触角，不过它们都有一个闭合的，不完全的嘴，无法吃东西。它们到了这一阶段之后，主要的职务就

228

● 达尔文房子的水彩画，
他在这栋房子里住了四十
年，直到生命终结。

是用它们极为发达的感觉器官去寻找，用自己活泼的游泳的能力去到达一个合适的地点，来方便附着于上面，然后进行它们的最后变态。在变态完成之后，它们就永远定居不移动了。于是它们的腿就会变为把握器官，它们会重新获得一个结构非常好的嘴，不过触角却是没有了，它们的两只眼睛也会转化为细小的，而且是单独的，非常简单的眼点。在这种最后完成的状态里，将蔓足类看成是比它们的幼虫状态有较高级的体制或者是较低级的体制都可以。不过，在某些属当中，幼虫能够发育为具有一般构造的雌雄同体，还能够发育为我所说的那种补雄体。后者的发育的确是出现退步了，由于这种雄体仅仅是一个可以在短期中生活的囊，除了生殖器官之外，它缺少嘴还有胃以及别的重要器官。

有些时候只是比较早期的发育阶段没有出现。比如，按照米勒所完成的卓越发现，有的虾形的甲壳类（和对虾属比较相似）最开始出现的，是简单的无节幼体，接着经过两次或者多次的水蚤期之后，再经过糠虾期的变化，终于得到它们的成体的构造。在这些甲壳类所属的整个巨大的软甲目当中，现在还不知道有别的成员最开始经过无节幼体而发育起来，尽管有很多都是以水蚤出现的。即便这样，米勒还举出一些理由去支持他的信念，那就是假如没有发育方面的抑制，所有这些甲壳类都会先以无节幼体的状态出现的。

那么，我们如何去解释胚胎学中的这些事实呢？也就是尽管胚胎与成体之间在构造方面不是具有普遍的，而仅仅是具有非常一般的差异。同一个体胚胎的最后变得非常不相同的，还用于不同目的的各种器官，在生长的初期是十分相似的。同一个纲当中最不相同的物种的胚胎或者是幼体，普遍是类似的，不过也不是都是这个样子的。胚胎在卵中或者是子宫中的时候，常常保存着在生命的那个时期或者是靠后一些的时期对自己来说，并不存在什么作用的构造。此外还有一点，一定会为了自己的需要而供给食料的幼虫，对于周围的环境也是完全适应的。最后，有的幼体在体制的等级方面高于它们将要发育成的那些成体，我相信对于所有的这些事实，能够做出下面的解释。或许由于畸形在很早的时期就影响到了胚胎，因此普通就认为轻微的变异或者是个体的差异也一定会在相同的早期当中出现。有关于这一方面，我们没有证据，可是我们现在所拥有的证据，确实都是与之相反的一面。因为大家都明白，牛还有马以及各种玩赏动物们的饲育者，在动物出生之后的一些时间里，不能够确切地指出它们的幼体将会有什么样的优点或者是缺点。我们对于自己的后代也清楚地发现了这样的情况。我们无法说出一个孩子将来会是高的还是矮的，或者将来就一定会拥有什么样的容貌。问题不在于每一个变异在生命的什么时间段里发生，而是在于什么时间段当中能够表现出一定的效果。变异的原因能够在生殖的行为之前产生作用，而且我相信常常作用于亲体的一方或者是双方。值得引起我们注意的是，只要很幼小的动物还留存于母体的子宫内或者是卵当中，或者只要它还依然受到亲体的营养以及保护，那么它的大部分性状，不管是在生活的较早时期还是在较迟的时期获得的，对于它本身都没有什么太大的影响。

在第一章当中，我就曾经讨论过一种变异，不管是在什么年龄，最开始出现于亲代，那么这种变异就有在后代的相应年龄中再次出现的倾向。有一些变异仅仅可以在相应的年龄中出现。比如，蚕蛾在幼虫还有茧或者是蛹的状态时的特点，再比如，牛在完全长成角时的特点正是这样。不过，就我们所知道的，最开始出现的变异，不管是在生命的早期还是在晚期，同样有在后代还有亲代的相应年龄当中重新出现的倾向。我绝不是说事情就一直会是这样的，而且我可以举出变异（就这概念的最广义说的话）的一些例外，这些变异出现于子代的时期，比出现在亲代的时期要早一些。

这两个原理，也就是轻微变异通常不是在生命的最早时期出现而且也不是在最早的时期遗传的。我相信，这解释了前面所讲的胚胎学方面所有主要的事实。不过，首先让我们在家养变种中去看一看少数类似的事实。有些作者曾经发表论文讨论过"狗"。在他们看来，虽然说长躯猎狗与斗牛狗是那么的不同，但是实际上，它们均是密切近似的变种，均为从同一个野生种遗传变异而来的。所以我十分想知道，它们的幼狗到底存在着多么大的差异。饲养者们曾经告诉我，幼狗之间的差异与亲代之间的差异完全相同。依据眼睛的判断，这好像是正确的。不过，在实际对老狗还有六日龄的幼狗进行观测时，我发现幼狗并没有获得它们比例差异的所有。此外，人们又告诉我，拉车马与赛跑马，这几乎是完全在家养的状况下由选择形成的品种，这些小马之间的差异和充分成长的马一样。不过，将赛跑马与重型的拉车马的母马还有它们的三日龄小马进行了仔细的观测之后，我发现情况并不是这样。

由于我们有确实的证据能够去证明，鸽的品种是从单独的一种野生种传下来的，因此我对孵化后在 12 小时之内的雏鸽进行了比较。我对野生的亲种，突胸鸽还有扇尾鸽还有侏儒鸽以及排字鸽、龙鸽、传书鸽、翻飞鸽等都详细地测计了（不过这里不准备举出具体的材料）喙的比例，还有嘴的阔度和鼻孔以及眼睑的长度以及脚的大小同腿的长度。在这些鸽子当中，有一些在成长的时候在喙的长度还有形状以及别的性状方面以这么异常的方式而彼此不同，以至于假如它们出现在自然状况下一定会被列成是不同的属。不过将这几个品种的雏鸟排成一列时，尽管它们的大部分刚刚可以被区别开，但是在前面所讲的每个要点上的比例差异，比起充分成长的鸟来说，却是十分少了。差异的有些特点，比如嘴的阔度，在雏鸟当中，基本上无法被觉察出来。不过有关这个法则，有一个非常明显的例外，因为短面翻飞鸽的雏鸟，几乎具有成长状态之下完全一样的比例，而和野生岩鸽以及别的品种的雏鸟存在着很多的不同。

前面所讲的两个原理，说明了这些事实。饲养者们在狗、马还有鸽等快要成熟的时期选择它们来进行繁育。他们并不去注意所需要的性质是生活的较早期还是较晚期获得的，只需要充分成长的动物，可以具有它们就足够了。刚才所举的例子，尤其是鸽的例子，解释说明了由人工选择所累积起来的，并且给予他的品种以价值的那些表现特征的差异，通常并不会出现于生活的最早期，并且这些性状也不是在相应的最早期进行遗传的。不过一些短面翻飞鸽的例子，也就是刚出生 12 个小时，就具有它的固有性状，证明这并非普遍的规律。因为在这里，表现特征的那些差别或者说必须出现于比一般更早的时间段当中，或者说，假如并非如此，那么这种差异就一定不是在相应的龄期进行遗传的，相反是在较早的龄期遗传的。

接下来，让我们应用这两个原理去解说一下自然状况下的物种，让我们来讨论一下鸟类的一个群。它们从某个古代的类型遗传变异而来，同时经过自然选择，为了适应不同的习性而出现了各种各样的变异。于是，因为一些物种大量细小的还有连续的变异，并非是在很早的龄期出现的，并且还是在相应的龄期当中得到遗传的，因此幼体将很少会出现变异，同时，它们之间的相似程度要远比成体之间的相似程度更为密切一些，就像我们在鸽的品种中所见到的一样。我们能够将这个观点引申到完全不同的构造还有整个的纲中。比如，前肢，很久远之前的祖先曾经一度将它当成腿来用，能够在悠久的变异过程中在某一类的后代中变得适应于当手用。不过根据前面所讲的两个原理，前肢在这几个类型的胚胎中不会有太大的改变。尽管在每一个类型当中，成体的前肢彼此之间的差别非常大。不管长期连续使用或者是不使用，在改变任何物种的肢体或者是别的部分中能够产生什么样的影响，主要是在或者只有在它接近成长而不得不用它的全部力量去谋生时，才会对它产生作用。这样产生的效果将在相应的接近成长的龄期传递给后代，如此，幼体各部分的增强使用或者是不使用的效果，就不会出现变化，或者仅仅有极少量的变化。

对于有些动物来说，连续变异能够在生命的早期出现，或者是诸级变异能够在比它们初次出现时更早的龄期当中获得遗传。在任何一种这样的情况之下，就像我们在短面翻飞鸽所见到的那样，幼体或者是胚胎就密切地类似于成长的亲类型。在有些整个群中，或者只是在某些亚群当中，如乌贼还有陆栖贝类还有淡水甲壳类和蜘蛛类以及昆虫这一大纲当中的某些成员，这是发育的规律。有关这些群的幼体，没有经过任何变态的最终原因，我们可以看到这是由以下的事情发生的，那就是，因为幼体不得不在幼年解决自己的需要，同时也因为它们遵循亲代那样的生活习性，由于在这样的情况之下，它们不得不按照亲代的相同方式发生变异，这对于它们的生存来说几乎是不能缺少的。此外，大量陆栖的以及淡水的动物不会出现任何的变态，而同群的海栖成员会经过各种不同的变态。有关这个奇异的事实，米勒曾经指出，一种动物适应在陆地上或者是淡水中的生活，而并非在海水中生活，这种缓慢的变化过程将因为不经过任何的幼体阶段而被极大地简化。由于在这样新的以及极大改变的生活习性之中，很难找出既适于幼体阶段又适于成体阶段，并且还尚未被别的生物所占据或占据得不好的地方。面对此种状况，自然选择将会有利于在越来越幼的龄期里，慢慢地获得的成体构造。到最后，之前变态的所有痕迹就会终于消失无踪。

还有一方面，假如一种动物的幼体遵循着稍微不同于亲类型的生活习性，于是它的构造也就会有稍微的不同，如果这是有利的话，或者说，假如一种和亲代已经不同的幼虫，再进一步发生了变化，一样有利的话，那么，根据在相应年龄中的遗传原理，幼体或者是幼虫能够因为自然的选择而变得越来越与亲体不同，以致可以成为任何能够想象得到的程度。幼虫中的差别也能够和它的发育的连续阶段有关。因此，第一阶段的幼虫能够和第二阶段的幼虫极为不相同，很多的动物就有这样的情况。成体也能够变得适合于那样的地点还有习性，就是运动器官或者是感觉器官等，在那里都变为没有用的了。遇到这样的情况，变态也就退化了。

按照前面所讲的，因为幼体在构造方面的变化和变异了的生活习性是统一的，再加上在相应的年龄方面的遗传，我们就可以理解动物所经过的发育阶段为什么会和它们的成体祖先的原始状态完全不一样。大部分最优秀的权威者现在都肯定，昆虫的每种幼虫期还有蛹期就是如此通过适应而获得的，而并非通过某种古代类型的遗传来获取的。芜菁属，这是一种经过某些异常发育阶段的甲虫，它们的奇特情况估计能够说明这样的情形是如何发生的。它的第一期幼虫的形态，根据法布尔的描写，是一种活泼的微小昆虫，拥有六条腿还有两根长的触角以及四只眼睛。这些幼虫在蜂巢当中孵化，当雄蜂在春天先于雌蜂羽化出室的时候，幼虫就会跳到它们的身上，之后在雌雄进行交配时，又会爬到雌蜂的身上。当雌蜂将卵产在蜂的蜜室上面时，芜菁属的幼虫就会立刻跳到卵上，而且还会吃掉它们。之后，它们出现了一种全面的变化。它们的眼睛消失了，而它们的腿还有触角变成了残迹的，而且还以蜜为生。因此这时候它们才与昆虫的普通幼虫更为密切的类似。最后它们出现了进一步的转化，终于以完美的甲虫出现。现在，假如有一种昆虫，它的转化就如同芜菁的转化一般，而且变成了昆虫的整个新纲的祖先，那么，这个新纲的发育过程，估计和我们现存昆虫的发育过程完全不一样大。而第一期的幼虫阶段一定不会代表任何成体的类型以及古代类型的先前状态。

再有一方面，大部分动物的胚胎阶段或者是幼虫的阶段，总是或多或少地向我们完全表明了整个群的祖先的成体状态，这是极为可能的。在甲壳类这个大纲当中，彼此非常不同的类型，也就是吸着性的寄生种类和蔓足类还有切甲类甚至还有软甲类，最开始均是在无节幼体的形态之下，作为幼虫而出现的。由于这些幼虫在广阔的海洋当中生活以及觅食，而且还无法适应任何特殊的生活习性。按照米勒所列出来的别的一些原因，估计在某一个久远的时期，有一种类似于无节幼体的独立的成体动物曾经生存过，之后沿着血统的一些分歧路线，产生出了前面所讲到的巨大的甲壳类的群。此外，按照我们所知道的有关哺乳类和鸟类以及鱼类和爬行类的胚胎的知识，这些动物估计是某个古代祖先的变异了的后代。那个古代祖先于成体状态中具有非常适于水栖生活的鳃还有一个鳔，四只鳍状肢以及一条长尾。

由于所有的曾经生存过的生物，不管是绝灭的还是现代的，都可以归入少数的几个大纲当中，由于每个大纲当中的所有成员，按照大家所知道的这个学说，均被微细地级进连接于一起，假如我们的采集是近于完全的，那么最好的，唯一可行的分类，估计是按照谱系的。因此血统是博物学者们在"自然系统"的术语下所寻求的相互联系的潜在纽带。根据此种观点，我们也就可以明白，在大部分的博物学者眼中，为何胚胎的构造在分类方面甚至比成体的构造更为重要。在动物的两个或者是更多的群当中，不管它们的构造与习性在成体状态中彼此具有多么大的差异，假如它们经过密切相似的胚胎阶段，我们就能够确定它们都是从一个亲类型传下来的，所以彼此之间是有密切关系的。那么，胚胎构造中的共同性就会暴露血统的共同性。不过胚胎发育中的不相似性并不能够证明血统的不一致，由于在两个群的一个群当中，发育阶段估计曾遭到了抑制，或者也有可能因为适应新的生活习性而被极大地改变，于是导致无法再被辨认，甚至在成体出现了极端变异的类群中，起源的共同性常常还会由幼虫的构造揭露出来。比如，尽管蔓足类在外表上与贝类非常相像，但是按照它们的幼虫就能够马上知道，它们是属于甲壳类这一大纲的。由于胚胎常常能够或多或少清楚地向我们表明一个群的变异比较少的，古代祖先的构造，因此我们可以了解为什么古代的绝灭了的类型的成体状态总是与同一纲的现存物种的胚胎非常类似。阿加西斯认为这是自然界的普遍法则。我们能够期望此后见到这条法则被证实是可靠的。不过，仅仅是在下面的情况之下，它才可以被证明是真实的，那就是这个群的古代祖先并未曾因为在生长的最初期的时间段就出现连续的变异，也没有因为那些变异在早于它们首次出现时的较早龄期而被遗传全部埋没。还一定要记住，这条法则也许是正确的，不过因为地质记录在时间方面扩展得还不够久远，所以这条法则也许长期地或者是永远地也无法得到证实。假如一种古代的类型在幼虫状态中适应了一些特殊的生活方式，并且将同一幼虫状态传递给了整个群的后代，于是在这样的情况出现的时候，那条法则也无法严格有效。因为这些幼虫不会与任何一个更为古老类型的成体状态相类似。

如此说的话，我就会说，胚胎学方面这些特别重要的事实，根据下面的原理就能够得到解释了，这个原理就是：某些古代祖先的很多后代中的变异曾出现于生命的，不是特别早的时期，而且曾经还遗传于相应的时期。假如我们将胚胎看成一幅图画，尽管说多少有些模糊，却反映出同一大纲的所有成员的祖先，要不是它的成体状态，也有可能是它的幼体状态，如此，胚胎学的重要性就会得到极大地提高了。

退化、萎缩及停止发育的器官

处于这样的奇异状态之下的器官或者是部分，带着废弃不用的鲜明印记，在整个自然界中非常常见，甚至能够说是很普遍的。我们不能够举出一种高级的动物，它身上的某一部分不是残迹状态的。比如哺乳类的雄体，它们具有退化的乳头；蛇类的肺，有一叶是残缺的；鸟类"小翼羽"能够非常有把握地被看成是退化，有的物种的整个翅膀的残迹状态是那么明显，以至于它们无法用于飞翔。鲸鱼的胎儿具有牙齿，但是当它们成长之后再没有一个牙齿。或者说，还没有出生的小牛的上颚长着牙齿，但是从来不会穿出牙龈，还有什么能比这更为奇怪的呢？

残迹器官非常明白地以各种各样的方式示明了它们的起源以及意义。密切近似物种的，甚至是同一物种的甲虫，或者说拥有着非常大的以及完全的翅，也有可能仅仅是具有残迹的膜，位于牢固合于一起的翅鞘之下。当面对这样的情况时，不可能去怀疑那样的残迹物就是代表了翅。残迹器官有时候依然保持着它们的潜在能力。偶然见于雄性哺乳类的奶头，人们曾见过它们发育得非常好，并且还分泌出乳汁。黄牛属的乳房也是这样的，正常情况下它们有四个发达的奶头以及两个残迹的奶头。不过后者在我们家养的奶牛当中有些时候会非常发达，并且还会分泌乳汁。有关植物，在同一物种的个体当中，花瓣有些情况下是残迹的，而有些情况下则是发达的。在雌雄异花的一些植物当中，科尔路特发现，让雄花具有残迹雌蕊的物种和自然具有非常发达雌蕊的雌雄同花的物种进行杂交，在杂种后代当中，那个残迹的雌蕊就极大地被增大了。这非常明确地示明，残迹雌蕊与完全雌蕊在性质方面是基本相似的。一种动物的每个部分估计是在完全状态中的，不过它们在某种意义方面则有可能是残迹的，因为它们是没有用的。比如普通的蝾螈也就是水蝾螈的蝌蚪，就像刘易斯先生曾说过的一样，"有鳃，生活于水当中；不过山蝾螈却是生活于高山上的，都能够产出发育完全的幼体，这样的动物从来不会在水当中生活。但是，假如我们剖开怀胎的雌体就能够看出来，在它们体中的蝌蚪，拥有着非常精致的羽状鳃。假如说将它们放于水当中，它们可以如水蝾螈的蝌蚪那般地游泳。我们可以非常显眼地看出，这样的水生的体制和这种动物的将来的生活并没有什么关系，而且也并非对于胚胎条件的适应。它完全和祖先的适应有着一定的联系，只不过是再次上演了它们祖先发育中的一个阶段罢了。"

同时具备两种用处的器官，对于其中的一种用处，甚至说比较重要的那种用处，估计会变为残迹或者是完全不发育，而对于另一种用处，却完全有效。比如，在植物的世界里，雌蕊的作用在于让花粉管达到子房当中的胚珠。雌蕊拥有一个柱头，为花柱所支持。不过在某些聚合花科的植物里，显然无法受精的雄性小花，具有一个残迹的雌蕊，由于它的顶部没有柱头，不过，它的花柱还是非常发达，而且还以常见的方式被有细毛，用来将周围的以及邻接的花药里的花粉刷下来。还有一种器官，对于原来就有的用处估计变为残迹的，而被用在了不同的目的上。在有一些鱼类里，鳔对于漂浮的固有机能好像都变成残迹的了，不过它转变为原始的呼吸器官或者是肺。还可以举出大量类似的事例。

有用的器官，不管它们是怎样的不发达，也不应该觉得是残迹的，除非我们有理由去设想它们之前曾经更为高度地发达过，它们估计是在一种初生的状态之下逐步地向朝着进一步发达的方向前进着。还有就是，残迹器官也许完全没有用处，比如从未穿过牙龈的牙齿，或者是基本上就没有用处，比如只可以当作风篷来使用的鸵鸟翅膀。由于这样的状态的器官在以前更少发育的时候，甚至是比现在的用处还要少很多，因此它们之前不可能是经过变异以及自然选择而产生出来的。自然选择的作用，只在于保存对物种有利的变异。它们是经过遗传的力量，部分地被保留下来的，和事物以前的状态有一定的关联。虽然说是这样，想要区别残迹器官与初生器官常常是具有一定困难的。因为我们只可以用类推的方法去判断一种器官是不是可以进一步地发达，只有它们在还可以进一步地发达的情况之下，才能够称为是初生的。处于这种状态的器官，总是非常稀少的。由于具有这样器官的生物通常都会被具有更为完美的相同的器官的后继者所排挤，所以它们在很早的时候就已经绝灭了。企鹅的翅膀有着极为重要的作用，它能够当作鳍用，因此它估计代表着翅膀的初生状态。这并不代表着，我相信这就是事实。还可以说它更有可能是一种缩小了的器官，为了适应新的机能而出现了变异。另外还有一点，几维鸟的翅膀是非常没用的，而且的确是残迹的。在欧文先生看来，肺鱼的简单的丝状肢是"在高级脊椎动物当中，达到充分机能发育的器官的开始"。不过根据京特博士近来提出来的观点，它们估计是由继续存在的鳍轴构成的，这些鳍轴具有不发达的鳍条或者是侧枝。鸭嘴兽的乳腺如果和黄牛的乳房相进行比较，能够看成是初生状态的。有的蔓足类的卵带已无法再作为卵的附着物，非常不发达，这些就是初生状态的鳃。

同一物种的一些个体当中，残迹器官在发育程度方面还有别的方面，非常容易出现变异。在那些密切近似的物种当中，同一器官缩小的程度有些情况下也具有非常大的差异。同一科的雌蛾的翅膀状态非常不错地向我们例证了这个事实。残迹器官估计会完全萎缩掉，这也就意味着在有些动物或者是植物当中，有的一部分器官已完全不存在，尽管说我们按照类推的方法希望能够找到它们，并且在畸形个体中的确能够偶然地见到它们。比如玄参科当中的大部分的植物，它们的第五条雄蕊已经完全萎缩，但是我们能够断定第五条雄蕊曾经确实存在过，这是因为能够在这一科的很多物种当中找到它的残迹物，而且这一残迹物有些情况下还会出现完全的发育，就如同有些时候我们在普通的金鱼草当中所见到的一般。当我们在同一纲的不同成员中去追寻不管是哪种器官的同源作用时，没有比见到残迹物更为常见的了，或者说为了充分理解各种器官之间的关系，没有比残迹物的发现更加有用的了。欧文先生所绘的马、黄牛以及犀牛的腿骨图，极好地表明了这一点。

这是一个非常重要的事实，那就是残迹器官，比如鲸鱼与反刍类上颚的牙齿，常常会出现于胚胎，不过之后却又完全消失了。我认为，这也是一条常见的法则，那便是残迹器官，假如拿相邻的器官去比较，那么在胚胎中要比在成体中大一些。因此这种器官早期的残迹状态是比较不明显的，甚至不管是在什么程度方面，都无法去说那是残迹的，所以说，成体的残迹器官常常会被说成依然保留胚胎的状态。

刚才我已列出有关残迹器官的一些主要的事实。在仔细考虑到它们时，不管是谁都会觉得非常惊奇。因为，同样的推论告诉我们，大多数的部件与器官是怎样巧妙地适应了某些用处，而且还同样明确地告诉我们，那些残迹的或者是萎缩的器官是不完全的以及没用的。在博物学著作当中，通常都会将残迹器官说为是"为了对称的缘故"，或者说是为了要"完成自然的设计"而被创造出来的。不过这并不能算作是一种解释，而仅仅是事实的复述而已。这本身就存在着矛盾。比如王蛇具有后肢还有骨盆的残迹物，假如说这些骨的保存是为了"完成自然的设计"，那么就像魏斯曼教授所发问的，为什么别的蛇不去保存这些骨，并且它们甚至连这些骨的残迹都没有呢？假如觉得卫星"为了对称的原因"循着椭圆形轨道绕着行星运行，由于行星是如此绕着太阳运行的，那么对于具有这种主张的天文学者来说，将会有什么样的感想呢？有一位著名的生理学者曾经假设，残迹器官是拿来排除过剩的或者是对于系统有害的物质的，他用这个假设去解释残迹器官的存在。不过我们可以假设那微小的乳头，它常常代表雄花中的雌蕊而且只由细胞组织组成，可以发生这样的作用吗？我们可以假设以后要消失的，残迹的牙齿将如磷酸钙这般贵重的物质移去，能够对于迅速生长的牛胚胎有益处吗？当人类的指头被截断时，大家都知道，在断指上会出现不完全的指甲，假如我认可这些指甲的残迹是为了用来去排除角状物质所以才发育的，那么就不得不去相信海牛的鳍上的残迹指甲也是为了相同的目的而发育的。

根据血统还有变异的观点，对残迹器官的起源进行解释，还是比较简单明了的。而且我们可以在很大程度上去理解支配它们不完全发育的道理。在我们的家养生物当中，我们存在着大量的残迹器官的例子，比如无尾绵羊品种的尾的残迹，比如无耳绵羊品种的耳的残迹，再比如无角牛的品种，按照尤亚特的说法，尤其是小牛的下垂的小角的重新出现，还有花椰菜的完全是花的状态。我们从畸形生物里时常见到各式各样的部分的残迹。不过我怀疑任何一种这样的例子，除了明确地表示出残迹器官能够产生出来之外，是不是还可以说明自然状况下的残迹器官的起源。因为如果对证据进行一下衡量的话，能够清楚地表示出自然情况下的物种，并不会出现巨大的突然性的变化。不过我们从我们家养生物的研究里就能够知道，器官的不使用造成了它们的缩小，并且这样的结果还是遗传的。

不使用估计是器官退化的主要原因。它最开始以缓慢的步骤让器官越来越完全地缩小，一直到最后变成了残迹的器官，比如栖息于暗洞当中的动物眼睛，还有栖息于海洋岛上的鸟类的翅膀，正是如此。此外，一种器官在有的条件之中是有用的，而在别的条件之下也许就是有害的，比如栖息于开阔小岛上的甲虫的翅膀就是这种情况。面对这样的情形，自然选择将会帮助那个器官一步步缩小，直到它完全变成了无害的以及残迹的器官。

在构造方面还有机能方面，任何可以由细小阶段完成的变化，均在自然选择的势力范围之中。因此，一种器官因为生活习性的变化而对于某种目的成了没有用的甚至是有害的时，估计能够被改变，然后用于另一目的。一种器官估计还能够仅仅保存它以前的机能之一。在以前经过自然选择的帮助而被形成的器官逐渐成为无用的时，能够出现很多的变异，其原因在于，它们的变异已经不再受到自然选择的抑制了。所有这些都和我们在自然环境当中见到的非常符合。此外，不管是在生活的哪一个时期当中，不使用或者选择，能够让一种器官缩小，这通常都会发生在生物成长的成熟期，并且势必会发挥出它的全部活动力量的时候。而在相应的年龄中发挥作用的遗传原理，就存在着一种倾向，让缩小状态的器官在同一成熟的年龄中重新出现，不过这一原理对于胚胎状态的器官极少会产生影响。如此我们就可以理解，在胚胎期当中的残迹器官假如和邻接的器官进行比较，前者比较大，但是在成体状态之下，前者就会比较小。比如，假如说一种成长动物的指在很多的世代里因为习性的一些变化而使用得越来越少，或者假如说一种器官或者是腺体在机能方面使用得越来越少，如此，我们就能够进行一个推断，它在这种动物的成体后代中就会逐渐缩小，不过在胚胎当中几乎依然保持着它原来的发育标准。

不过，依然存在着以下的难点。在一种器官已经停止使用所以极大地缩小之后，它们如何可以进一步地缩小，一直到只剩下一点残迹呢？最后，它们又是如何可以完全消失不见了呢？只要那个器官在机能方面变成了无用的之后，"不使用"基本上就不会再继续产生出任何进一步的影响了。有一些补充的解释，在这里是很有必要的，不过我不能提出。比如说，假如可以证明体制的每一部分都有这样的一种倾向，它朝着缩小的方面比朝着增大的方面能够出现更大程度上的变异，那么我们就可以理解已经变成了无用的一种器官，为什么依然在受不使用的影响而成为残迹的，甚至会在最后完全消失。因为朝着缩小方面发生的变异不再受到自然选择的控制。在之前的一章当中解释过的生长的经济的原理，对于一种没有用处的器官变成为残迹的，或者是有作用的。按照这个原理，形成任何器官的物质，假如对于所有者没有什么作用，就会尽可能地受到节省。不过这一原理基本上一定仅仅可以应用于缩小过程的较早阶段当中。这是因为，我们不可能去设想，比如说在雄花中代表雌花雌蕊的而且仅仅由细胞组织而形成的一种微小的突起，为了节省养料的原因，可以进一步地缩小或者是吸收。

最后，不论残迹器官由哪些步骤退化为它们现在这样的无用状态，由于它们都是事物之前状态的记录，而且还完全由遗传的力量被保存了下来，按照分类的系统观点，我们就可以理解分类学者在将生物置于自然系统中的适宜地位时，为什么会时常发现残迹器官和生理方面高度重要的器官一样有用。残迹器官能够和一个字中的字母进行比较，它在发音方面已没有什么用处，但是在拼音上仍然保存着，不过这些字母还能够用作那个字的起源的线索。按照伴随着变异的生物由来的观点，我们就可以确定地说，残迹的，不完全的以及无用的或者是非常萎缩的器官的存在，对于旧的生物特创论说来说，一定会是一个难点，不过根据本书所解释说明的观点去说的话，这不但不会是一个特殊的难点，甚至可以说是能够预料得到的。